공부 습관과 집중력을 길러 주는
단계별 계산력 향상 프로그램

비타민*
계산법

소담 주니어

공부 습관과 집중력을 길러 주는
단계별 계산력 향상 프로그램

비타민 *
계산법

2009년 1월 2일 초판 1쇄 펴냄

펴낸곳 | ㈜ 꿈소담이
펴낸이 | 김숙희
지은이 | 영재들의 창의학교

주소 | 136-023 서울특별시 성북구 성북동 1가 115-24 4층
전화 | 762-8566
팩스 | 762-8567
등록번호 | 제6-473호(2002년 9월 3일)

홈페이지 | www.dreamsodam.co.kr
전자우편 | isodam@dreamsodam.co.kr

● 책값은 뒤표지에 있습니다.

COVER DESIGN **THANKYOUMOTHER**

비타민 계산법만의 특별한 비밀

공부의 기초가 튼튼해져요

계산은 수학의 세계로 들어가는 관문입니다. 기초 계산 능력을 향상시킴으로써 숫자에 대한 감각을 익히고, 수학 공부의 기초를 튼튼히 할 수 있습니다. 그리고 수학은 논리적이고 합리적인 사고력과 문제 해결력을 길러 주는 학문이어서, 모든 학문에 기초 지식을 제공합니다. 수학 기초가 튼튼한 아이는 모든 공부를 쉽게 할 수 있습니다.

숫자에 대한 감각을 익히고 두뇌를 발달시켜요

계산은 아이의 뇌를 자극하여 두뇌를 발달시킵니다. 그리고 반복적으로 충분히 연습하다 보면 아이 스스로 숫자에 대한 감각을 익히고 계산의 논리를 깨우치게 됩니다. 공부는 누구나 익힐 수 있는 기술입니다. 공부를 잘하는 아이는 머리가 좋아서가 아니라 공부하는 기술을 터득한 것입니다.

집중력이 향상되어 공부 습관이 길러져요

시간을 재면서 문제를 풀다 보면 아이가 긴장하여 집중력이 생기고 학습 의욕이 생깁니다. 학습 의욕은 공부 습관으로 이어져 매일 조금씩 공부를 하다 보면 올바른 학습 습관을 형성하게 되고, 다른 공부까지 잘할 수 있는 학습 전이 현상을 경험할 수 있습니다.

성취감을 느껴 공부가 재미있어요

하루하루 늘어 가는 실력에 아이 스스로 놀라게 되고, 성취감을 맛본 아이는 공부에 재미를 느끼게 됩니다. 많은 문제를 경험하면서 자신감이 생긴 아이는 학습 의욕이 생겨, 공부하라고 다그치지 않아도 스스로 공부하는 아이가 됩니다.

단계별 학습으로 실력이 느는 게 보여요

『비타민 계산법』은 유아수학을 1~20단계, 초등수학을 21~120단계로 구성, 단계별로 완성도 있는 학습이 되도록 체계적으로 구성되어 있습니다. 단계에 따라 구체적인 학습 목표가 제시되어 있으며, 각 단계마다 10회의 반복 학습으로 충분히 연습할 수 있습니다. 기초-실력-완성편으로 구성된 학습을 하다 보면 점진적으로 실력을 향상시킬 수 있습니다.

비타민 계산법 활용법—
이렇게 지도해 주세요

1 능력에 맞는 단계에서 시작해 주세요

『비타민 계산법』은 실력에 따라 단계별로 구성된 교재입니다. 학년이나 나이와 상관없이 아이가 쉽게 느끼며 풀 수 있는 단계에서 시작해야 합니다. 그래야 아이가 공부에 대해 성취감과 자신감을 갖게 됩니다.

2 규칙적으로 꾸준히 공부할 수 있도록 해 주세요

단 10분이라도 매일 꾸준히 정해진 분량을 풀 수 있도록 지도해 주세요. 규칙적으로, 하루도 빠짐없이 공부하는 것이 중요합니다. 그래야 올바른 공부 습관을 몸에 익힐 수 있습니다.

3 계산 원리를 이해한 후 문제를 풀 수 있도록 해 주세요

기초적인 원리를 터득해야 논리적이고 합리적인 사고력을 기를 수 있습니다. 기초 원리를 이해하지 못한 채 기계적으로 문제를 풀다 보면, 응용된 문제를 만났을 경우 아이가 무척 어려워합니다. 계산이 느리고 집중력이 떨어지는 아이도 원리를 이해하면 학습에 흥미를 느끼게 됩니다.

4 완전 학습이 되도록 해 주세요

아이가 완전히 이해한 후 다음 단계로 넘어가 주세요. 능력에 맞는 학습 분량과 학습 시간을 체크해 가면서 학습 목표를 100% 달성하는 것이 중요합니다. 정답 확인을 하면서 내 아이에게 부족한 것이 무엇인지 꼼꼼히 체크해 보고, 주어진 학습 목표를 완전히 이해했는지 확인한 후 차근차근 다음 단계로 넘어가 주세요.

5 정해진 시간에 정해진 분량을 풀 수 있도록 지도해 주세요

시간을 재가면서 문제를 풀어야 정확성과 함께 속도 훈련을 할 수 있습니다. 문제를 빨리 풀면서 또한 정확하게 풀 수 있도록 반복적으로 학습시켜 주세요.

6 풀이 과정을 정확하게 적도록 해 주세요

계산 원리를 제대로 이해했는지 알 수 있도록 해 주는 것이 풀이 과정입니다. 어디를 모르는지, 어디서 잘못 풀었는지 알기 위해서는 풀이 과정을 지우지 말고 그대로 두어야 합니다. 아이가 틀리는 문제의 풀이 과정을 꼼꼼하게 살핀 후 부족한 부분을 지도해 주세요.

7 아이에게 칭찬과 격려를 해 주세요

아이가 조금 부족하더라도 칭찬과 격려를 해 주세요. 자신감이 생겨야 공부에 재미를 느끼게 되고, 성취감을 느끼게 됩니다.

비타민 계산법 시리즈
전 12권의 차례

비타민A 계산법
유아수학 계산법

A-1 | 수의 크기 비교, 가르기와 모으기(기초편)

01단계   선긋기, 점잇기, 한번에 그리기, 비교하기
02단계   분류하기, 비교하기, 짝짓기
03단계   개수익히기, 패턴익히기, 길찾기, 5까지 개수세기
04단계   1~5 읽고 쓰기
05단계   6~10 읽고 쓰기
06단계   30까지 개수 익히기
07단계   많은 수 / 적은 수, 하나 많은 수와 하나 적은 수
08단계   수 11~20 익히기
09단계   차례수, 묶음수
10단계   50까지 숫자쓰기

A-2 | 한 자리 수의 덧셈과 뺄셈(실력편)

11단계   가르기와 모으기
12단계   50이내의 수 가르기와 모으기
13단계   100이내의 수 가르기와 모으기
14단계   50까지의 차례수
15단계   50이내 수의 덧셈과 뺄셈
16단계   100이내 수의 덧셈과 뺄셈
17단계   10의 보수, 십 몇 + 몇, 십 몇 − 몇
18단계   받아올림과 내림이 없는 두 자리 수 ± 한 자리 수
19단계   받아올림이 있는 한 자리 수 + 한 자리 수
20단계   받아내림이 있는 두 자리 수 − 한 자리 수

비타민B 계산법
초등수학 계산법

B-1 | 자연수의 덧셈과 뺄셈(기초편)

21단계   받아올림이 없는 한 자리 수 + 한 자리 수
22단계   받아내림이 없는 한 자리 수 − 한 자리 수
23단계   세수의 혼합 계산
24단계   받아올림이 없는 십 몇 + 몇
25단계   받아내림이 없는 십 몇 − 몇
26단계   받아올림이 없는 두 자리 수 + 한 자리 수
27단계   받아내림이 없는 두 자리 수 − 한 자리 수
28단계   10이 되는 덧셈과 10에서 빼는 뺄셈
29단계   받아올림이 있는 한 자리 수 + 한 자리 수
30단계   받아내림이 있는 뺄셈

비타민 계산법 시리즈 전 12권의 차례

비타민B 계산법
초등수학 계산법

B-2 | 자연수의 덧셈과 뺄셈(실력편)

31단계 받아올림이 없는 두 자리 수 + 두 자리 수
32단계 받아내림이 없는 두 자리 수 − 두 자리 수
33단계 받아올림이 있는 두 자리 수 + 한 자리 수
34단계 받아내림이 있는 두 자리 수 − 한 자리 수
35단계 받아올림이 있는 두 자리 수 + 두 자리 수 (일의 자리에서 받아올림)
36단계 받아올림이 있는 두 자리 수 + 두 자리 수 (십의 자리에서 받아올림)
37단계 받아올림이 있는 두 자리 수 + 두 자리 수 (일의 자리, 십의 자리에서 받아올림)
38단계 받아올림이 있는 두 자리 수 + 두 자리 수 (일의 자리, 십의 자리에서 받아올림)
39단계 받아내림이 있는 두 자리 수 − 두 자리 수 (십의 자리에서 받아내림)
40단계 받아내림이 있는 두 자리 수 − 두 자리 수 (십의 자리에서 받아내림)

B-3 | 자연수의 덧셈과 뺄셈(완성편)

41단계 받아올림이 있는 세 자리 수 + 세 자리 수 (일의 자리에서 받아올림)
42단계 받아올림이 있는 세 자리 수 + 세 자리 수 (일의 자리, 십의 자리에서 받아올림)
43단계 받아올림이 있는 세 자리 수 + 세 자리 수 2 (일의 자리, 십의 자리에서 받아올림)
44단계 받아올림이 있는 세 자리 수 + 세 자리 수 1 (일, 십, 백의 자리에서 받아올림)
45단계 받아올림이 있는 세 자리 수 + 세 자리 수 2 (일, 십, 백의 자리에서 받아올림)
46단계 받아올림이 있는 세 자리 수 + 세 자리 수 3 (일, 십, 백의 자리에서 받아올림)
47단계 받아내림이 있는 세 자리 수 − 세 자리 수 1 (십의 자리에서 받아내림)
48단계 받아내림이 있는 세 자리 수 − 세 자리 수 2 (십의 자리에서 받아내림)
49단계 받아내림이 있는 세 자리 수 − 세 자리 수 1 (백의 자리에서 받아내림)
50단계 받아내림이 있는 세 자리 수 − 세 자리 수 2 (십, 백의 자리에서 받아내림)

비타민C 계산법
초등수학 계산법

C-1 | 자연수의 곱셈과 나눗셈(기초편)

51단계 구구단 익히기
52단계 받아올림이 없는 두 자리 수 × 한 자리 수
53단계 일의 자리에서 받아올림이 있는 두 자리 수 × 한 자리 수
54단계 일·십의 자리에서 받아올림이 있는 두 자리 수 × 한 자리 수
55단계 받아올림이 있는 두 자리 수 × 한 자리 수
56단계 일·십의 자리에서 받아올림이 있는 세 자리 수 × 한 자리 수
57단계 일·십의 자리에서 받아올림이 있는 세 자리 수 × 한 자리 수
58단계 나머지가 없는 나눗셈 (한 자리 수 ÷ 한 자리 수, 두 자리 수 ÷ 한 자리 수)
59단계 나머지가 있는 나눗셈 (한 자리 수 ÷ 한 자리 수, 두 자리 수 ÷ 한 자리 수)
60단계 곱셈 구구 응용

C-2 | 자연수의 곱셈과 나눗셈(실력편)

61단계 두 자리 수 × 십 몇
62단계 두 자리 수 × 두 자리 수
63단계 두 자리 수 × 두 자리 수
64단계 세 자리 수 × 몇 십
65단계 세 자리 수 × 두 자리 수
66단계 세 자리 수 × 두 자리 수
67단계 나머지가 없는 두 자리 수 ÷ 한 자리 수
68단계 나머지가 있는 두 자리 수 ÷ 한 자리 수
69단계 네 자리 수 × 두 자리 수
70단계 네 자리 수 × 두 자리 수

C-3 | 자연수의 곱셈과 나눗셈(완성편)

71단계 세 자리 수 × 세 자리 수
72단계 세 자리 수 × 세 자리 수
73단계 세 자리 수 × 세 자리 수
74단계 나머지가 없는 세 자리 수 ÷ 한 자리 수
75단계 세 자리 수 ÷ 한 자리 수
76단계 세 자리 수 ÷ 두 자리 수
77단계 세 자리 수 ÷ 두 자리 수
78단계 네 자리 수 ÷ 두 자리 수
79단계 네 자리 수 ÷ 두 자리 수
80단계 자연수의 혼합 계산

D-1 | 분수 · 소수의 덧셈과 뺄셈(기초편)

81단계 분모가 같은 분수의 덧셈 1
82단계 분모가 같은 분수의 뺄셈 1
83단계 가분수를 대분수로 고치기
84단계 분모가 같은 분수의 덧셈 2
85단계 분모가 같은 분수의 덧셈 3
86단계 분모가 같은 분수의 덧셈 4
87단계 대분수를 가분수로 고쳐서 계산하기
88단계 분모가 같은 분수의 뺄셈 2
89단계 분모가 같은 분수의 뺄셈 3
90단계 분모가 같은 분수의 뺄셈 4

비타민D 계산법

초등수학 계산법

비타민 계산법 시리즈 전 12권의 차례

D-2 | 분수 · 소수의 덧셈과 뺄셈(실력편)

- 91단계 　소수 한 자리 수의 덧셈
- 92단계 　소수 두 자리 수의 덧셈
- 93단계 　소수의 덧셈 (가로셈)
- 94단계 　소수 한 자리 수의 뺄셈
- 95단계 　소수 두 자리 수의 뺄셈
- 96단계 　소수의 뺄셈 (가로셈)
- 97단계 　최대공약수
- 98단계 　약분하기
- 99단계 　최소공배수
- 100단계 　통분하기

D-3 | 분수 · 소수의 덧셈과 뺄셈(완성편)

- 101단계 　분모가 다른 분수의 덧셈 1 (진분수 + 진분수)
- 102단계 　분모가 다른 분수의 덧셈 2 (대분수 + 진분수)
- 103단계 　분모가 다른 분수의 덧셈 2 (대분수 + 진분수)
- 104단계 　분모가 다른 분수의 덧셈 3 (대분수 + 대분수)
- 105단계 　분모가 다른 분수의 덧셈 3 (대분수 + 대분수)
- 106단계 　분모가 다른 분수의 뺄셈 1 (진분수 − 진분수)
- 107단계 　분모가 다른 분수의 뺄셈 2 (대분수 − 진분수)
- 108단계 　분모가 다른 분수의 뺄셈 2 (대분수 − 진분수)
- 109단계 　분모가 다른 분수의 뺄셈 3 (대분수 − 대분수)
- 110단계 　분모가 다른 분수의 뺄셈 3 (대분수 − 대분수)

E | 분수 · 소수의 곱셈과 나눗셈(종합편)

- 111단계 　분수의 곱셈 1
- 112단계 　분수의 곱셈 2 (대분수 × 자연수, 대분수 × 진분수, 대분수 × 대분수)
- 113단계 　분수의 나눗셈 1
- 114단계 　분수의 나눗셈 2 (대분수 ÷ 자연수, 대분수 ÷ 진분수, 대분수 ÷ 대분수)
- 115단계 　분수의 혼합 계산
- 116단계 　소수의 곱셈 1 (두 자리 수 × 두 자리 수)
- 117단계 　소수의 곱셈 2 (세 자리 수 × 두 자리 수)
- 118단계 　소수의 나눗셈 1 (세 자리 수 ÷ 두 자리 수)
- 119단계 　소수의 나눗셈 2 (네 자리 수 ÷ 두 자리 수)
- 120단계 　소수의 혼합 계산

81단계

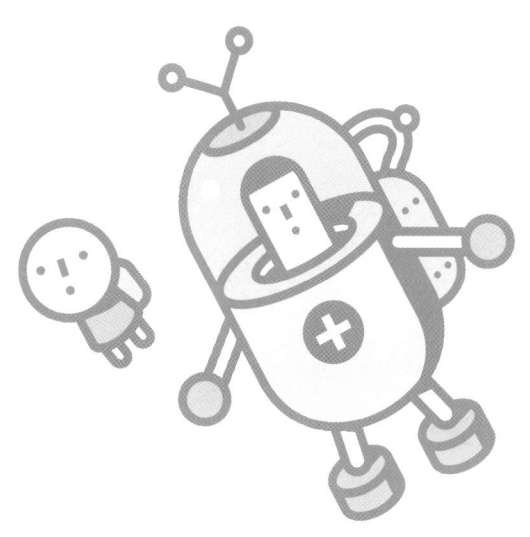

■ 학습 일정 관리표

	공부한 날	정답수	오답수	소요시간	표준완성시간
81-01호				분 초	
81-02호				분 초	
81-03호				분 초	
81-04호				분 초	1,2학년 : 정답중심
81-05호				분 초	
81-06호				분 초	3,4학년 : 4분이내
81-07호				분 초	
81-08호				분 초	5,6학년 : 3분이내
81-09호				분 초	
81-10호				분 초	

분수는 전체를 1로 보았을 때, 1을 부분으로 나누어 생각한 것을 말합니다. 즉, 1을 5등분 한다면 $\frac{1}{5}$ 이라고 할 수 있고, 또 $\frac{1}{5}$ 이 다섯 개 모이면 1이 됩니다. 예를 들어 케익 하나를 세 명이서 똑같이 나누어 먹는다면, 한 명당 $\frac{1}{3}$ 조각씩 먹게 됩니다.

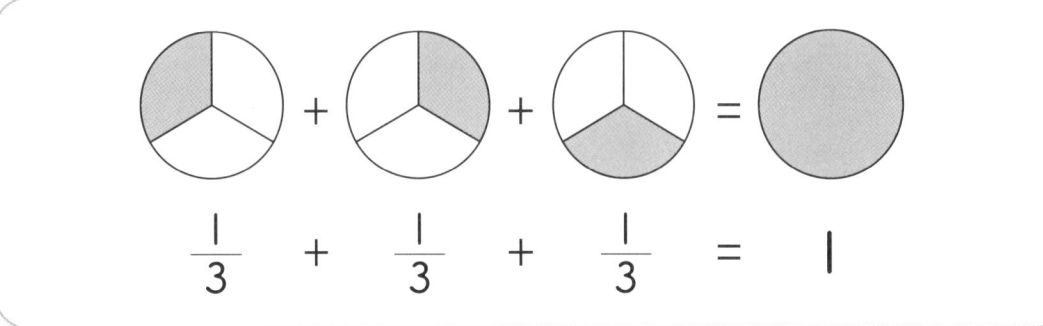

$$\frac{1}{3} \ + \ \frac{1}{3} \ + \ \frac{1}{3} \ = \ 1$$

⊙ **분모가 같은 진분수의 덧셈**

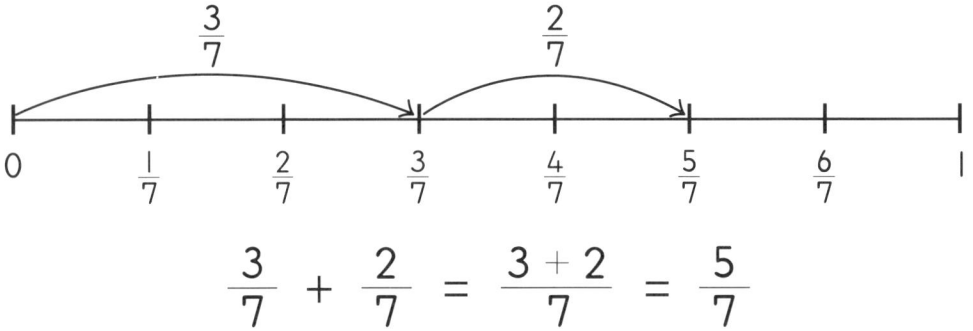

$$\frac{3}{7} \ + \ \frac{2}{7} \ = \ \frac{3+2}{7} \ = \ \frac{5}{7}$$

- 진분수: 분자가 분모보다 작은 분수
- 가분수: 분자가 분모와 같거나 큰 분수
- 대분수: 자연수와 진분수의 합으로 나타낸 분수

지도내용 '1'과 크기가 같은 분수:

$\frac{2}{2}$, $\frac{3}{3}$, $\frac{5}{5}$ …… $\frac{10}{10}$ 이렇게 분모와 분자가 같은 분수

분모가 같은 분수의 덧셈 1

분   초
/24

■ 다음 분수의 덧셈을 하시오. 답은 가분수 상태로 두어도 됩니다.

① $\dfrac{2}{5} + \dfrac{1}{5} =$

② $\dfrac{1}{6} + \dfrac{7}{6} =$

③ $\dfrac{10}{8} + \dfrac{12}{8} =$

④ $\dfrac{2}{10} + \dfrac{7}{10} =$

⑤ $\dfrac{5}{13} + \dfrac{10}{13} =$

⑥ $\dfrac{9}{18} + \dfrac{17}{18} =$

⑦ $\dfrac{21}{24} + \dfrac{23}{24} =$

⑧ $\dfrac{5}{20} + \dfrac{11}{20} =$

⑨ $\dfrac{10}{21} + \dfrac{20}{21} =$

⑩ $\dfrac{5}{17} + \dfrac{10}{17} =$

⑪ $\dfrac{9}{20} + \dfrac{19}{20} =$

⑫ $\dfrac{10}{25} + \dfrac{20}{25} =$

⑬ $\dfrac{3}{4} + \dfrac{3}{4} =$

⑭ $\dfrac{3}{7} + \dfrac{6}{7} =$

⑮ $\dfrac{3}{10} + \dfrac{8}{10} =$

⑯ $\dfrac{4}{9} + \dfrac{5}{9} =$

⑰ $\dfrac{5}{12} + \dfrac{9}{12} =$

⑱ $\dfrac{2}{15} + \dfrac{13}{15} =$

⑲ $\dfrac{6}{10} + \dfrac{8}{10} =$

⑳ $\dfrac{10}{15} + \dfrac{13}{15} =$

㉑ $\dfrac{10}{22} + \dfrac{21}{22} =$

㉒ $\dfrac{11}{23} + \dfrac{14}{23} =$

㉓ $\dfrac{14}{25} + \dfrac{22}{25} =$

㉔ $\dfrac{21}{28} + \dfrac{27}{28} =$

분모가 같은 분수의 덧셈 1

분   초
/24

■ 다음 분수의 덧셈을 하시오. 답은 가분수 상태로 두어도 됩니다.

① $\dfrac{1}{3} + \dfrac{1}{3} =$

② $\dfrac{2}{5} + \dfrac{4}{5} =$

③ $\dfrac{2}{4} + \dfrac{3}{4} =$

④ $\dfrac{5}{7} + \dfrac{6}{7} =$

⑤ $\dfrac{2}{8} + \dfrac{6}{8} =$

⑥ $\dfrac{2}{10} + \dfrac{8}{10} =$

⑦ $\dfrac{3}{9} + \dfrac{7}{9} =$

⑧ $\dfrac{7}{12} + \dfrac{8}{12} =$

⑨ $\dfrac{10}{15} + \dfrac{12}{15} =$

⑩ $\dfrac{8}{17} + \dfrac{13}{17} =$

⑪ $\dfrac{10}{21} + \dfrac{15}{21} =$

⑫ $\dfrac{21}{27} + \dfrac{25}{27} =$

⑬ $\dfrac{3}{7} + \dfrac{4}{7} =$

⑭ $\dfrac{8}{10} + \dfrac{9}{10} =$

⑮ $\dfrac{8}{12} + \dfrac{10}{12} =$

⑯ $\dfrac{4}{13} + \dfrac{10}{13} =$

⑰ $\dfrac{7}{15} + \dfrac{8}{15} =$

⑱ $\dfrac{6}{20} + \dfrac{21}{20} =$

⑲ $\dfrac{10}{18} + \dfrac{11}{18} =$

⑳ $\dfrac{11}{22} + \dfrac{18}{22} =$

㉑ $\dfrac{17}{23} + \dfrac{19}{23} =$

㉒ $\dfrac{18}{25} + \dfrac{21}{25} =$

㉓ $\dfrac{17}{26} + \dfrac{24}{26} =$

㉔ $\dfrac{20}{29} + \dfrac{21}{29} =$

분모가 같은 분수의 덧셈 1

분   초
/24

■ 다음 분수의 덧셈을 하시오. 답은 가분수 상태로 두어도 됩니다.

① $\dfrac{3}{5} + \dfrac{4}{5} =$

② $\dfrac{4}{6} + \dfrac{5}{6} =$

③ $\dfrac{5}{8} + \dfrac{6}{8} =$

④ $\dfrac{4}{7} + \dfrac{6}{7} =$

⑤ $\dfrac{6}{10} + \dfrac{9}{10} =$

⑥ $\dfrac{5}{11} + \dfrac{7}{11} =$

⑦ $\dfrac{10}{13} + \dfrac{11}{13} =$

⑧ $\dfrac{11}{19} + \dfrac{14}{19} =$

⑨ $\dfrac{14}{20} + \dfrac{15}{20} =$

⑩ $\dfrac{16}{22} + \dfrac{18}{22} =$

⑪ $\dfrac{19}{23} + \dfrac{21}{23} =$

⑫ $\dfrac{14}{25} + \dfrac{22}{25} =$

⑬ $\dfrac{2}{7} + \dfrac{6}{7} =$

⑭ $\dfrac{3}{9} + \dfrac{7}{9} =$

⑮ $\dfrac{7}{10} + \dfrac{9}{10} =$

⑯ $\dfrac{5}{12} + \dfrac{10}{12} =$

⑰ $\dfrac{10}{13} + \dfrac{10}{13} =$

⑱ $\dfrac{11}{16} + \dfrac{14}{16} =$

⑲ $\dfrac{11}{17} + \dfrac{15}{17} =$

⑳ $\dfrac{10}{19} + \dfrac{17}{19} =$

㉑ $\dfrac{19}{21} + \dfrac{20}{21} =$

㉒ $\dfrac{17}{23} + \dfrac{20}{23} =$

㉓ $\dfrac{17}{25} + \dfrac{24}{25} =$

㉔ $\dfrac{23}{27} + \dfrac{25}{27} =$

분모가 같은 분수의 덧셈 1

■ 다음 분수의 덧셈을 하시오. 답은 가분수 상태로 두어도 됩니다.

① $\dfrac{2}{5} + \dfrac{4}{5} =$

② $\dfrac{3}{7} + \dfrac{4}{7} =$

③ $\dfrac{4}{6} + \dfrac{5}{6} =$

④ $\dfrac{5}{8} + \dfrac{7}{8} =$

⑤ $\dfrac{7}{10} + \dfrac{9}{10} =$

⑥ $\dfrac{9}{11} + \dfrac{10}{11} =$

⑦ $\dfrac{10}{13} + \dfrac{12}{13} =$

⑧ $\dfrac{11}{15} + \dfrac{12}{15} =$

⑨ $\dfrac{10}{16} + \dfrac{14}{16} =$

⑩ $\dfrac{11}{19} + \dfrac{15}{19} =$

⑪ $\dfrac{14}{18} + \dfrac{15}{18} =$

⑫ $\dfrac{18}{21} + \dfrac{20}{21} =$

⑬ $\dfrac{4}{6} + \dfrac{5}{6} =$

⑭ $\dfrac{5}{8} + \dfrac{7}{8} =$

⑮ $\dfrac{7}{10} + \dfrac{8}{10} =$

⑯ $\dfrac{8}{12} + \dfrac{9}{12} =$

⑰ $\dfrac{10}{13} + \dfrac{11}{13} =$

⑱ $\dfrac{11}{15} + \dfrac{13}{15} =$

⑲ $\dfrac{14}{17} + \dfrac{15}{17} =$

⑳ $\dfrac{16}{18} + \dfrac{17}{18} =$

㉑ $\dfrac{18}{22} + \dfrac{19}{22} =$

㉒ $\dfrac{20}{24} + \dfrac{21}{24} =$

㉓ $\dfrac{21}{27} + \dfrac{23}{27} =$

㉔ $\dfrac{25}{29} + \dfrac{26}{29} =$

■ 다음 분수의 덧셈을 하시오. 답은 가분수 상태로 두어도 됩니다.

① $\dfrac{2}{5} + \dfrac{4}{5} =$

② $\dfrac{3}{7} + \dfrac{5}{7} =$

③ $\dfrac{4}{9} + \dfrac{5}{9} =$

④ $\dfrac{8}{11} + \dfrac{9}{11} =$

⑤ $\dfrac{10}{13} + \dfrac{11}{13} =$

⑥ $\dfrac{12}{15} + \dfrac{13}{15} =$

⑦ $\dfrac{14}{17} + \dfrac{15}{17} =$

⑧ $\dfrac{10}{18} + \dfrac{15}{18} =$

⑨ $\dfrac{18}{21} + \dfrac{20}{21} =$

⑩ $\dfrac{18}{20} + \dfrac{19}{20} =$

⑪ $\dfrac{20}{23} + \dfrac{21}{23} =$

⑫ $\dfrac{20}{27} + \dfrac{25}{27} =$

⑬ $\dfrac{2}{6} + \dfrac{5}{6} =$

⑭ $\dfrac{5}{8} + \dfrac{7}{8} =$

⑮ $\dfrac{4}{10} + \dfrac{8}{10} =$

⑯ $\dfrac{10}{12} + \dfrac{11}{12} =$

⑰ $\dfrac{11}{15} + \dfrac{14}{15} =$

⑱ $\dfrac{12}{17} + \dfrac{15}{17} =$

⑲ $\dfrac{14}{18} + \dfrac{15}{18} =$

⑳ $\dfrac{17}{20} + \dfrac{18}{20} =$

㉑ $\dfrac{21}{23} + \dfrac{22}{23} =$

㉒ $\dfrac{21}{25} + \dfrac{24}{25} =$

㉓ $\dfrac{11}{24} + \dfrac{17}{24} =$

㉔ $\dfrac{18}{26} + \dfrac{20}{26} =$

분모가 같은 분수의 덧셈 1

■ 다음 분수의 덧셈을 하시오. 답은 가분수 상태로 두어도 됩니다.

① $\dfrac{1}{5} + \dfrac{2}{5} =$

② $\dfrac{3}{7} + \dfrac{5}{7} =$

③ $\dfrac{4}{6} + \dfrac{5}{6} =$

④ $\dfrac{5}{8} + \dfrac{7}{8} =$

⑤ $\dfrac{7}{10} + \dfrac{8}{10} =$

⑥ $\dfrac{8}{11} + \dfrac{9}{11} =$

⑦ $\dfrac{10}{15} + \dfrac{13}{15} =$

⑧ $\dfrac{13}{16} + \dfrac{15}{16} =$

⑨ $\dfrac{18}{20} + \dfrac{19}{20} =$

⑩ $\dfrac{10}{17} + \dfrac{12}{17} =$

⑪ $\dfrac{11}{22} + \dfrac{15}{22} =$

⑫ $\dfrac{18}{25} + \dfrac{19}{25} =$

⑬ $\dfrac{1}{3} + \dfrac{2}{3} =$

⑭ $\dfrac{5}{7} + \dfrac{6}{7} =$

⑮ $\dfrac{5}{9} + \dfrac{8}{9} =$

⑯ $\dfrac{8}{11} + \dfrac{10}{11} =$

⑰ $\dfrac{10}{13} + \dfrac{11}{13} =$

⑱ $\dfrac{10}{15} + \dfrac{12}{15} =$

⑲ $\dfrac{10}{22} + \dfrac{18}{22} =$

⑳ $\dfrac{21}{25} + \dfrac{23}{25} =$

㉑ $\dfrac{21}{24} + \dfrac{23}{24} =$

㉒ $\dfrac{25}{27} + \dfrac{26}{27} =$

㉓ $\dfrac{18}{25} + \dfrac{20}{25} =$

㉔ $\dfrac{22}{28} + \dfrac{25}{28} =$

분모가 같은 분수의 덧셈 1

분   초
/24

■ 다음 분수의 덧셈을 하시오. 답은 가분수 상태로 두어도 됩니다.

① $\dfrac{1}{6} + \dfrac{5}{6} =$

② $\dfrac{2}{7} + \dfrac{6}{7} =$

③ $\dfrac{3}{5} + \dfrac{4}{5} =$

④ $\dfrac{10}{11} + \dfrac{10}{11} =$

⑤ $\dfrac{2}{10} + \dfrac{9}{10} =$

⑥ $\dfrac{11}{13} + \dfrac{12}{13} =$

⑦ $\dfrac{12}{15} + \dfrac{13}{15} =$

⑧ $\dfrac{13}{17} + \dfrac{14}{17} =$

⑨ $\dfrac{10}{16} + \dfrac{13}{16} =$

⑩ $\dfrac{12}{18} + \dfrac{15}{18} =$

⑪ $\dfrac{15}{19} + \dfrac{16}{19} =$

⑫ $\dfrac{21}{23} + \dfrac{22}{23} =$

⑬ $\dfrac{3}{9} + \dfrac{7}{9} =$

⑭ $\dfrac{8}{11} + \dfrac{10}{11} =$

⑮ $\dfrac{10}{13} + \dfrac{12}{13} =$

⑯ $\dfrac{11}{15} + \dfrac{13}{15} =$

⑰ $\dfrac{13}{17} + \dfrac{14}{17} =$

⑱ $\dfrac{8}{16} + \dfrac{9}{16} =$

⑲ $\dfrac{11}{20} + \dfrac{15}{20} =$

⑳ $\dfrac{14}{22} + \dfrac{15}{22} =$

㉑ $\dfrac{21}{24} + \dfrac{22}{24} =$

㉒ $\dfrac{8}{19} + \dfrac{12}{19} =$

㉓ $\dfrac{17}{23} + \dfrac{19}{23} =$

㉔ $\dfrac{21}{27} + \dfrac{25}{27} =$

■ 다음 분수의 덧셈을 하시오. 답은 가분수 상태로 두어도 됩니다.

① $\dfrac{4}{7} + \dfrac{5}{7} =$

② $\dfrac{6}{10} + \dfrac{8}{10} =$

③ $\dfrac{10}{12} + \dfrac{11}{12} =$

④ $\dfrac{8}{11} + \dfrac{9}{11} =$

⑤ $\dfrac{10}{13} + \dfrac{11}{13} =$

⑥ $\dfrac{10}{14} + \dfrac{13}{14} =$

⑦ $\dfrac{8}{12} + \dfrac{9}{12} =$

⑧ $\dfrac{11}{15} + \dfrac{13}{15} =$

⑨ $\dfrac{14}{17} + \dfrac{16}{17} =$

⑩ $\dfrac{15}{19} + \dfrac{16}{19} =$

⑪ $\dfrac{17}{22} + \dfrac{18}{22} =$

⑫ $\dfrac{21}{25} + \dfrac{24}{25} =$

⑬ $\dfrac{2}{9} + \dfrac{8}{9} =$

⑭ $\dfrac{8}{11} + \dfrac{10}{11} =$

⑮ $\dfrac{7}{10} + \dfrac{8}{10} =$

⑯ $\dfrac{8}{12} + \dfrac{9}{12} =$

⑰ $\dfrac{11}{15} + \dfrac{13}{15} =$

⑱ $\dfrac{13}{17} + \dfrac{15}{17} =$

⑲ $\dfrac{8}{11} + \dfrac{9}{11} =$

⑳ $\dfrac{17}{20} + \dfrac{18}{20} =$

㉑ $\dfrac{21}{23} + \dfrac{22}{23} =$

㉒ $\dfrac{13}{18} + \dfrac{15}{18} =$

㉓ $\dfrac{11}{19} + \dfrac{15}{19} =$

㉔ $\dfrac{20}{24} + \dfrac{23}{24} =$

분모가 같은 분수의 덧셈 1

분   초
/24

■ 다음 분수의 덧셈을 하시오. 답은 가분수 상태로 두어도 됩니다.

① $\dfrac{3}{7} + \dfrac{5}{7} =$

② $\dfrac{8}{11} + \dfrac{9}{11} =$

③ $\dfrac{10}{12} + \dfrac{11}{12} =$

④ $\dfrac{11}{14} + \dfrac{13}{14} =$

⑤ $\dfrac{13}{17} + \dfrac{15}{17} =$

⑥ $\dfrac{11}{15} + \dfrac{12}{15} =$

⑦ $\dfrac{13}{19} + \dfrac{15}{19} =$

⑧ $\dfrac{17}{20} + \dfrac{18}{20} =$

⑨ $\dfrac{17}{21} + \dfrac{18}{21} =$

⑩ $\dfrac{8}{18} + \dfrac{9}{18} =$

⑪ $\dfrac{11}{20} + \dfrac{15}{20} =$

⑫ $\dfrac{17}{25} + \dfrac{22}{25} =$

⑬ $\dfrac{1}{8} + \dfrac{5}{8} =$

⑭ $\dfrac{5}{9} + \dfrac{7}{9} =$

⑮ $\dfrac{8}{13} + \dfrac{9}{13} =$

⑯ $\dfrac{9}{12} + \dfrac{11}{12} =$

⑰ $\dfrac{11}{14} + \dfrac{12}{14} =$

⑱ $\dfrac{12}{16} + \dfrac{14}{16} =$

⑲ $\dfrac{16}{20} + \dfrac{18}{20} =$

⑳ $\dfrac{12}{19} + \dfrac{15}{19} =$

㉑ $\dfrac{14}{23} + \dfrac{15}{23} =$

㉒ $\dfrac{18}{25} + \dfrac{21}{25} =$

㉓ $\dfrac{11}{20} + \dfrac{15}{20} =$

㉔ $\dfrac{21}{27} + \dfrac{23}{27} =$

분모가 같은 분수의 덧셈 1

■ 다음 분수의 덧셈을 하시오. 답은 가분수 상태로 두어도 됩니다.

① $\dfrac{3}{6} + \dfrac{4}{6} =$

② $\dfrac{2}{8} + \dfrac{5}{8} =$

③ $\dfrac{3}{7} + \dfrac{5}{7} =$

④ $\dfrac{5}{9} + \dfrac{7}{9} =$

⑤ $\dfrac{7}{10} + \dfrac{8}{10} =$

⑥ $\dfrac{10}{13} + \dfrac{11}{13} =$

⑦ $\dfrac{11}{15} + \dfrac{14}{15} =$

⑧ $\dfrac{7}{10} + \dfrac{9}{10} =$

⑨ $\dfrac{10}{19} + \dfrac{13}{19} =$

⑩ $\dfrac{17}{22} + \dfrac{20}{22} =$

⑪ $\dfrac{19}{24} + \dfrac{22}{24} =$

⑫ $\dfrac{23}{26} + \dfrac{25}{26} =$

⑬ $\dfrac{3}{5} + \dfrac{4}{5} =$

⑭ $\dfrac{5}{8} + \dfrac{6}{8} =$

⑮ $\dfrac{7}{9} + \dfrac{8}{9} =$

⑯ $\dfrac{8}{12} + \dfrac{10}{12} =$

⑰ $\dfrac{11}{14} + \dfrac{13}{14} =$

⑱ $\dfrac{12}{16} + \dfrac{14}{16} =$

⑲ $\dfrac{17}{21} + \dfrac{19}{21} =$

⑳ $\dfrac{13}{20} + \dfrac{15}{20} =$

㉑ $\dfrac{17}{24} + \dfrac{19}{24} =$

㉒ $\dfrac{21}{26} + \dfrac{23}{26} =$

㉓ $\dfrac{13}{25} + \dfrac{14}{25} =$

㉔ $\dfrac{23}{28} + \dfrac{25}{28} =$

82단계

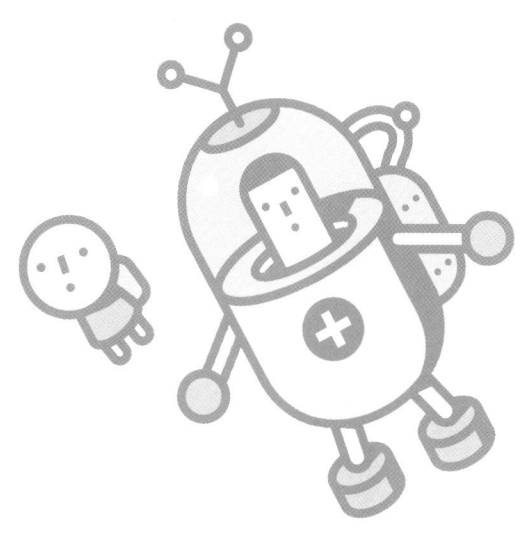

■ 학습 일정 관리표

	공부한 날	정답수	오답수	소요시간	표준완성시간
82-01호				분 초	
82-02호				분 초	
82-03호				분 초	
82-04호				분 초	1,2학년 : 정답중심
82-05호				분 초	
82-06호				분 초	3,4학년 : 4분이내
82-07호				분 초	
82-08호				분 초	5,6학년 : 3분이내
82-09호				분 초	
82-10호				분 초	

분모가 같은 분수의 뺄셈에 대해 알아봅니다.

비커에 물이 $\frac{5}{7}$ 만큼 남아있습니다. 그 중 내가 $\frac{2}{7}$ 만큼 마셨습니다.

따라서 비커에는 $\frac{3}{7}$ 만큼의 물이 남게 됩니다.

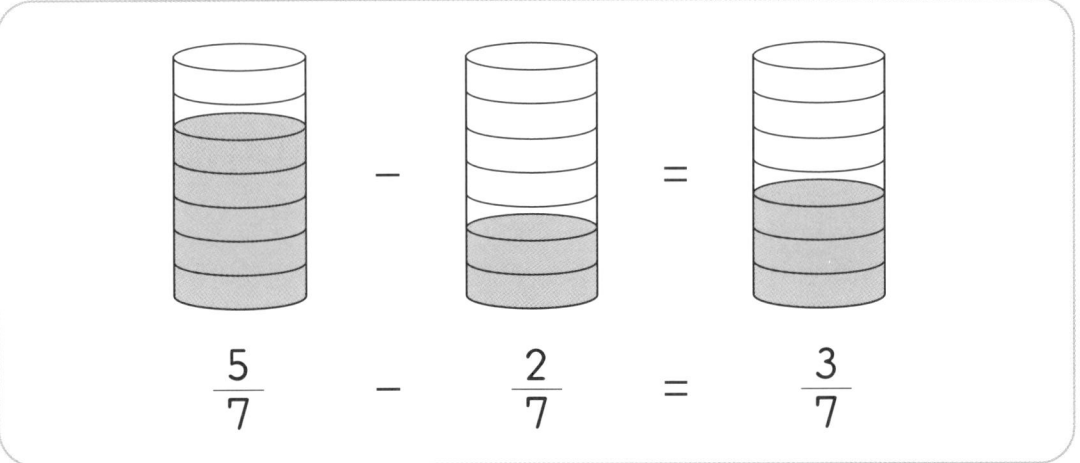

$$\frac{5}{7} - \frac{2}{7} = \frac{3}{7}$$

만약 $\frac{5}{7}$ 만큼의 물에서 $\frac{4}{7}$ 만큼의 물을 마신다면 $\frac{1}{7}$ 만큼의 물이 남게 됩니다.

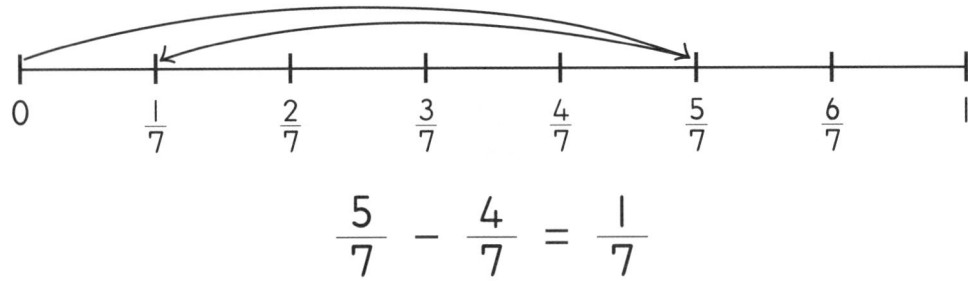

$$\frac{5}{7} - \frac{4}{7} = \frac{1}{7}$$

지도내용 분모가 같은 분수의 뺄셈은 분모는 그대로 두고 분자끼리 뺄셈을 하면 됩니다.

분모가 같은 분수의 뺄셈 1

■ 다음 분수의 뺄셈을 하시오.

① $\dfrac{4}{5} - \dfrac{2}{5} =$

② $\dfrac{5}{6} - \dfrac{3}{6} =$

③ $\dfrac{5}{8} - \dfrac{4}{8} =$

④ $\dfrac{9}{10} - \dfrac{2}{10} =$

⑤ $\dfrac{10}{11} - \dfrac{1}{11} =$

⑥ $\dfrac{10}{12} - \dfrac{5}{12} =$

⑦ $\dfrac{18}{20} - \dfrac{7}{20} =$

⑧ $\dfrac{21}{22} - \dfrac{11}{22} =$

⑨ $\dfrac{15}{17} - \dfrac{7}{17} =$

⑩ $\dfrac{15}{19} - \dfrac{4}{19} =$

⑪ $\dfrac{20}{23} - \dfrac{13}{23} =$

⑫ $\dfrac{14}{25} - \dfrac{7}{25} =$

⑬ $\dfrac{5}{6} - \dfrac{2}{6} =$

⑭ $\dfrac{7}{9} - \dfrac{3}{9} =$

⑮ $\dfrac{11}{12} - \dfrac{7}{12} =$

⑯ $\dfrac{13}{15} - \dfrac{2}{15} =$

⑰ $\dfrac{18}{20} - \dfrac{7}{20} =$

⑱ $\dfrac{25}{26} - \dfrac{11}{26} =$

⑲ $\dfrac{20}{25} - \dfrac{7}{25} =$

⑳ $\dfrac{15}{18} - \dfrac{10}{18} =$

㉑ $\dfrac{20}{21} - \dfrac{7}{21} =$

㉒ $\dfrac{20}{22} - \dfrac{5}{22} =$

㉓ $\dfrac{23}{25} - \dfrac{17}{25} =$

㉔ $\dfrac{25}{26} - \dfrac{13}{26} =$

분모가 같은 분수의 뺄셈 1

■ 다음 분수의 뺄셈을 하시오.

① $\dfrac{5}{7} - \dfrac{2}{7} =$

② $\dfrac{8}{10} - \dfrac{3}{10} =$

③ $\dfrac{10}{11} - \dfrac{2}{11} =$

④ $\dfrac{12}{13} - \dfrac{4}{13} =$

⑤ $\dfrac{17}{19} - \dfrac{11}{19} =$

⑥ $\dfrac{9}{10} - \dfrac{3}{10} =$

⑦ $\dfrac{10}{13} - \dfrac{7}{13} =$

⑧ $\dfrac{17}{20} - \dfrac{5}{20} =$

⑨ $\dfrac{13}{19} - \dfrac{4}{19} =$

⑩ $\dfrac{20}{22} - \dfrac{14}{22} =$

⑪ $\dfrac{24}{25} - \dfrac{20}{25} =$

⑫ $\dfrac{22}{23} - \dfrac{10}{23} =$

⑬ $\dfrac{7}{8} - \dfrac{5}{8} =$

⑭ $\dfrac{10}{11} - \dfrac{4}{11} =$

⑮ $\dfrac{7}{9} - \dfrac{4}{9} =$

⑯ $\dfrac{11}{12} - \dfrac{5}{12} =$

⑰ $\dfrac{14}{15} - \dfrac{7}{15} =$

⑱ $\dfrac{13}{14} - \dfrac{10}{14} =$

⑲ $\dfrac{15}{17} - \dfrac{3}{17} =$

⑳ $\dfrac{20}{21} - \dfrac{7}{21} =$

㉑ $\dfrac{23}{24} - \dfrac{17}{24} =$

㉒ $\dfrac{18}{20} - \dfrac{15}{20} =$

㉓ $\dfrac{17}{24} - \dfrac{5}{24} =$

㉔ $\dfrac{25}{26} - \dfrac{20}{26} =$

분모가 같은 분수의 뺄셈 1

■ 다음 분수의 뺄셈을 하시오.

① $\dfrac{7}{8} - \dfrac{2}{8} =$

② $\dfrac{8}{10} - \dfrac{2}{10} =$

③ $\dfrac{12}{13} - \dfrac{7}{13} =$

④ $\dfrac{15}{17} - \dfrac{10}{17} =$

⑤ $\dfrac{15}{18} - \dfrac{7}{18} =$

⑥ $\dfrac{18}{20} - \dfrac{11}{20} =$

⑦ $\dfrac{20}{21} - \dfrac{5}{21} =$

⑧ $\dfrac{23}{24} - \dfrac{17}{24} =$

⑨ $\dfrac{25}{26} - \dfrac{20}{26} =$

⑩ $\dfrac{18}{20} - \dfrac{15}{20} =$

⑪ $\dfrac{21}{25} - \dfrac{17}{25} =$

⑫ $\dfrac{20}{26} - \dfrac{12}{26} =$

⑬ $\dfrac{8}{9} - \dfrac{2}{9} =$

⑭ $\dfrac{10}{11} - \dfrac{5}{11} =$

⑮ $\dfrac{7}{10} - \dfrac{3}{10} =$

⑯ $\dfrac{12}{13} - \dfrac{5}{13} =$

⑰ $\dfrac{15}{17} - \dfrac{7}{17} =$

⑱ $\dfrac{18}{20} - \dfrac{10}{20} =$

⑲ $\dfrac{20}{22} - \dfrac{11}{22} =$

⑳ $\dfrac{17}{18} - \dfrac{3}{18} =$

㉑ $\dfrac{21}{23} - \dfrac{15}{23} =$

㉒ $\dfrac{22}{24} - \dfrac{11}{24} =$

㉓ $\dfrac{23}{25} - \dfrac{20}{25} =$

㉔ $\dfrac{19}{27} - \dfrac{4}{27} =$

분모가 같은 분수의 뺄셈 1

■ 다음 분수의 뺄셈을 하시오.

① $\dfrac{5}{7} - \dfrac{1}{7} =$

② $\dfrac{8}{9} - \dfrac{3}{9} =$

③ $\dfrac{10}{11} - \dfrac{3}{11} =$

④ $\dfrac{10}{13} - \dfrac{4}{13} =$

⑤ $\dfrac{15}{17} - \dfrac{3}{17} =$

⑥ $\dfrac{18}{19} - \dfrac{5}{19} =$

⑦ $\dfrac{18}{20} - \dfrac{7}{20} =$

⑧ $\dfrac{22}{23} - \dfrac{11}{23} =$

⑨ $\dfrac{24}{25} - \dfrac{17}{25} =$

⑩ $\dfrac{19}{23} - \dfrac{9}{23} =$

⑪ $\dfrac{23}{24} - \dfrac{17}{24} =$

⑫ $\dfrac{22}{25} - \dfrac{12}{25} =$

⑬ $\dfrac{7}{8} - \dfrac{3}{8} =$

⑭ $\dfrac{9}{10} - \dfrac{7}{10} =$

⑮ $\dfrac{11}{13} - \dfrac{7}{13} =$

⑯ $\dfrac{16}{17} - \dfrac{11}{17} =$

⑰ $\dfrac{20}{21} - \dfrac{7}{21} =$

⑱ $\dfrac{18}{19} - \dfrac{7}{19} =$

⑲ $\dfrac{21}{23} - \dfrac{13}{23} =$

⑳ $\dfrac{24}{25} - \dfrac{20}{25} =$

㉑ $\dfrac{20}{21} - \dfrac{9}{21} =$

㉒ $\dfrac{23}{24} - \dfrac{14}{24} =$

㉓ $\dfrac{23}{26} - \dfrac{17}{26} =$

㉔ $\dfrac{23}{25} - \dfrac{15}{25} =$

분모가 같은 분수의 뺄셈 1

■ 다음 분수의 뺄셈을 하시오.

① $\dfrac{7}{8} - \dfrac{4}{8} =$

② $\dfrac{9}{10} - \dfrac{7}{10} =$

③ $\dfrac{10}{11} - \dfrac{2}{11} =$

④ $\dfrac{14}{15} - \dfrac{11}{15} =$

⑤ $\dfrac{14}{17} - \dfrac{10}{17} =$

⑥ $\dfrac{21}{22} - \dfrac{5}{22} =$

⑦ $\dfrac{20}{24} - \dfrac{14}{24} =$

⑧ $\dfrac{19}{20} - \dfrac{15}{20} =$

⑨ $\dfrac{24}{25} - \dfrac{17}{25} =$

⑩ $\dfrac{25}{27} - \dfrac{13}{27} =$

⑪ $\dfrac{21}{24} - \dfrac{17}{24} =$

⑫ $\dfrac{24}{26} - \dfrac{14}{26} =$

⑬ $\dfrac{8}{9} - \dfrac{3}{9} =$

⑭ $\dfrac{10}{11} - \dfrac{7}{11} =$

⑮ $\dfrac{12}{14} - \dfrac{8}{14} =$

⑯ $\dfrac{9}{10} - \dfrac{2}{10} =$

⑰ $\dfrac{12}{13} - \dfrac{7}{13} =$

⑱ $\dfrac{15}{18} - \dfrac{7}{18} =$

⑲ $\dfrac{17}{19} - \dfrac{5}{19} =$

⑳ $\dfrac{19}{22} - \dfrac{11}{22} =$

㉑ $\dfrac{20}{23} - \dfrac{14}{23} =$

㉒ $\dfrac{19}{21} - \dfrac{9}{21} =$

㉓ $\dfrac{24}{25} - \dfrac{14}{25} =$

㉔ $\dfrac{17}{23} - \dfrac{8}{23} =$

분모가 같은 분수의 뺄셈 1

분   초
/24

■ 다음 분수의 뺄셈을 하시오.

① $\dfrac{7}{8} - \dfrac{3}{8} =$

② $\dfrac{7}{9} - \dfrac{2}{9} =$

③ $\dfrac{11}{12} - \dfrac{4}{12} =$

④ $\dfrac{13}{15} - \dfrac{10}{15} =$

⑤ $\dfrac{14}{17} - \dfrac{10}{17} =$

⑥ $\dfrac{19}{20} - \dfrac{13}{20} =$

⑦ $\dfrac{21}{22} - \dfrac{11}{22} =$

⑧ $\dfrac{24}{25} - \dfrac{13}{25} =$

⑨ $\dfrac{19}{23} - \dfrac{10}{23} =$

⑩ $\dfrac{21}{24} - \dfrac{14}{24} =$

⑪ $\dfrac{14}{25} - \dfrac{7}{25} =$

⑫ $\dfrac{19}{26} - \dfrac{13}{26} =$

⑬ $\dfrac{6}{7} - \dfrac{4}{7} =$

⑭ $\dfrac{10}{11} - \dfrac{2}{11} =$

⑮ $\dfrac{13}{15} - \dfrac{7}{15} =$

⑯ $\dfrac{17}{19} - \dfrac{8}{19} =$

⑰ $\dfrac{21}{23} - \dfrac{7}{23} =$

⑱ $\dfrac{18}{20} - \dfrac{15}{20} =$

⑲ $\dfrac{20}{21} - \dfrac{14}{21} =$

⑳ $\dfrac{15}{22} - \dfrac{7}{22} =$

㉑ $\dfrac{20}{23} - \dfrac{14}{23} =$

㉒ $\dfrac{22}{24} - \dfrac{11}{24} =$

㉓ $\dfrac{24}{25} - \dfrac{13}{25} =$

㉔ $\dfrac{25}{26} - \dfrac{17}{26} =$

분모가 같은 분수의 뺄셈 1

분   초
/24

■ 다음 분수의 뺄셈을 하시오.

① $\dfrac{6}{7} - \dfrac{4}{7} =$

② $\dfrac{8}{9} - \dfrac{2}{9} =$

③ $\dfrac{10}{12} - \dfrac{7}{12} =$

④ $\dfrac{12}{13} - \dfrac{7}{13} =$

⑤ $\dfrac{14}{15} - \dfrac{10}{15} =$

⑥ $\dfrac{15}{17} - \dfrac{7}{17} =$

⑦ $\dfrac{17}{19} - \dfrac{11}{19} =$

⑧ $\dfrac{20}{21} - \dfrac{14}{21} =$

⑨ $\dfrac{20}{23} - \dfrac{13}{23} =$

⑩ $\dfrac{22}{25} - \dfrac{17}{25} =$

⑪ $\dfrac{25}{26} - \dfrac{20}{26} =$

⑫ $\dfrac{27}{28} - \dfrac{13}{28} =$

⑬ $\dfrac{5}{8} - \dfrac{1}{8} =$

⑭ $\dfrac{10}{11} - \dfrac{7}{11} =$

⑮ $\dfrac{13}{14} - \dfrac{6}{14} =$

⑯ $\dfrac{15}{17} - \dfrac{7}{17} =$

⑰ $\dfrac{15}{16} - \dfrac{11}{16} =$

⑱ $\dfrac{18}{20} - \dfrac{9}{20} =$

⑲ $\dfrac{19}{21} - \dfrac{6}{21} =$

⑳ $\dfrac{20}{23} - \dfrac{14}{23} =$

㉑ $\dfrac{24}{25} - \dfrac{13}{25} =$

㉒ $\dfrac{17}{21} - \dfrac{8}{21} =$

㉓ $\dfrac{23}{26} - \dfrac{19}{26} =$

㉔ $\dfrac{21}{24} - \dfrac{13}{24} =$

분모가 같은 분수의 뺄셈 1

분   초
/24

■ 다음 분수의 뺄셈을 하시오.

① $\dfrac{5}{7} - \dfrac{1}{7} =$

② $\dfrac{8}{9} - \dfrac{2}{9} =$

③ $\dfrac{12}{13} - \dfrac{7}{13} =$

④ $\dfrac{13}{15} - \dfrac{10}{15} =$

⑤ $\dfrac{9}{17} - \dfrac{2}{17} =$

⑥ $\dfrac{15}{16} - \dfrac{10}{16} =$

⑦ $\dfrac{18}{21} - \dfrac{10}{21} =$

⑧ $\dfrac{18}{20} - \dfrac{3}{20} =$

⑨ $\dfrac{21}{23} - \dfrac{14}{23} =$

⑩ $\dfrac{23}{25} - \dfrac{17}{25} =$

⑪ $\dfrac{21}{24} - \dfrac{15}{24} =$

⑫ $\dfrac{24}{26} - \dfrac{18}{26} =$

⑬ $\dfrac{4}{5} - \dfrac{1}{5} =$

⑭ $\dfrac{9}{10} - \dfrac{3}{10} =$

⑮ $\dfrac{10}{11} - \dfrac{9}{11} =$

⑯ $\dfrac{12}{14} - \dfrac{7}{14} =$

⑰ $\dfrac{13}{15} - \dfrac{8}{15} =$

⑱ $\dfrac{15}{17} - \dfrac{7}{17} =$

⑲ $\dfrac{19}{20} - \dfrac{9}{20} =$

⑳ $\dfrac{19}{22} - \dfrac{7}{22} =$

㉑ $\dfrac{22}{24} - \dfrac{17}{24} =$

㉒ $\dfrac{24}{25} - \dfrac{21}{25} =$

㉓ $\dfrac{25}{26} - \dfrac{18}{26} =$

㉔ $\dfrac{26}{27} - \dfrac{20}{27} =$

분모가 같은 분수의 뺄셈 1

분　　　초
/24

■ 다음 분수의 뺄셈을 하시오.

① $\dfrac{7}{9} - \dfrac{2}{9} =$

② $\dfrac{5}{8} - \dfrac{1}{8} =$

③ $\dfrac{7}{10} - \dfrac{2}{10} =$

④ $\dfrac{11}{13} - \dfrac{7}{13} =$

⑤ $\dfrac{12}{15} - \dfrac{10}{15} =$

⑥ $\dfrac{13}{14} - \dfrac{7}{14} =$

⑦ $\dfrac{14}{17} - \dfrac{7}{17} =$

⑧ $\dfrac{20}{21} - \dfrac{17}{21} =$

⑨ $\dfrac{17}{23} - \dfrac{11}{23} =$

⑩ $\dfrac{21}{23} - \dfrac{9}{23} =$

⑪ $\dfrac{22}{24} - \dfrac{11}{24} =$

⑫ $\dfrac{23}{25} - \dfrac{17}{25} =$

⑬ $\dfrac{6}{7} - \dfrac{2}{7} =$

⑭ $\dfrac{9}{10} - \dfrac{1}{10} =$

⑮ $\dfrac{3}{5} - \dfrac{1}{5} =$

⑯ $\dfrac{10}{12} - \dfrac{7}{12} =$

⑰ $\dfrac{14}{15} - \dfrac{4}{15} =$

⑱ $\dfrac{13}{16} - \dfrac{4}{16} =$

⑲ $\dfrac{15}{18} - \dfrac{7}{18} =$

⑳ $\dfrac{19}{22} - \dfrac{9}{22} =$

㉑ $\dfrac{24}{25} - \dfrac{17}{25} =$

㉒ $\dfrac{22}{24} - \dfrac{13}{24} =$

㉓ $\dfrac{23}{26} - \dfrac{18}{26} =$

㉔ $\dfrac{26}{28} - \dfrac{21}{28} =$

분모가 같은 분수의 뺄셈 1

분   초
/24

■ 다음 분수의 뺄셈을 하시오.

① $\dfrac{4}{5} - \dfrac{2}{5} =$

② $\dfrac{8}{9} - \dfrac{4}{9} =$

③ $\dfrac{10}{11} - \dfrac{7}{11} =$

④ $\dfrac{8}{10} - \dfrac{3}{10} =$

⑤ $\dfrac{10}{13} - \dfrac{9}{13} =$

⑥ $\dfrac{13}{15} - \dfrac{11}{15} =$

⑦ $\dfrac{15}{17} - \dfrac{11}{17} =$

⑧ $\dfrac{20}{21} - \dfrac{18}{21} =$

⑨ $\dfrac{17}{19} - \dfrac{11}{19} =$

⑩ $\dfrac{21}{23} - \dfrac{17}{23} =$

⑪ $\dfrac{24}{25} - \dfrac{19}{25} =$

⑫ $\dfrac{23}{24} - \dfrac{16}{24} =$

⑬ $\dfrac{7}{9} - \dfrac{5}{9} =$

⑭ $\dfrac{11}{12} - \dfrac{6}{12} =$

⑮ $\dfrac{12}{15} - \dfrac{7}{15} =$

⑯ $\dfrac{15}{16} - \dfrac{11}{16} =$

⑰ $\dfrac{15}{18} - \dfrac{8}{18} =$

⑱ $\dfrac{15}{17} - \dfrac{10}{17} =$

⑲ $\dfrac{19}{20} - \dfrac{11}{20} =$

⑳ $\dfrac{20}{22} - \dfrac{13}{22} =$

㉑ $\dfrac{22}{24} - \dfrac{13}{24} =$

㉒ $\dfrac{24}{26} - \dfrac{15}{26} =$

㉓ $\dfrac{27}{28} - \dfrac{21}{28} =$

㉔ $\dfrac{23}{27} - \dfrac{15}{27} =$

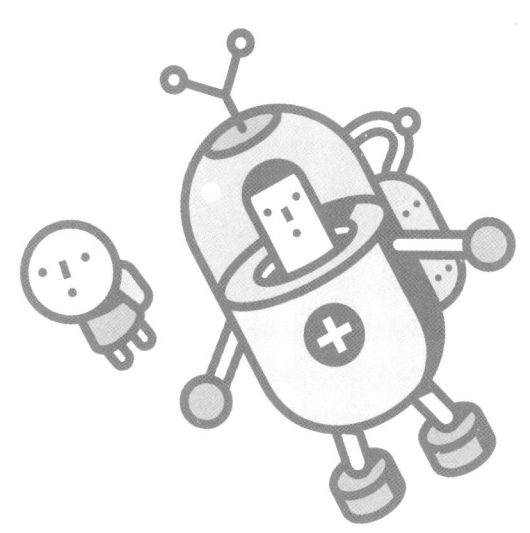

■ 학습 일정 관리표

	공부한 날	정답수	오답수	소요시간	표준완성시간
83-01호				분 초	
83-02호				분 초	
83-03호				분 초	
83-04호				분 초	1,2학년 : 정답중심
83-05호				분 초	
83-06호				분 초	3,4학년 : 4분이내
83-07호				분 초	5,6학년 : 3분이내
83-08호				분 초	
83-09호				분 초	
83-10호				분 초	

'가분수'는 자연수 $\dfrac{분자}{분모}$ 의 형태인 '대분수'로 고칠 수 있습니다

$\dfrac{5}{3}$ 는 $\dfrac{3}{3} = 1$ 이 하나 있고 $\dfrac{2}{3}$ 가 더 있으므로 $1\dfrac{2}{3}$ 로 쓸 수 있습니다.

또, $\dfrac{17}{4}$ 은 $\dfrac{4\times4}{4} = \dfrac{16}{4} = 4$ 가 있고 $\dfrac{1}{4}$ 이 더 있으므로 $4\dfrac{1}{4}$ 로 바꾸어 쓸 수 있습니다.

한편 $\dfrac{2}{3}$ 와 $\dfrac{1}{4}$ 처럼 분자가 분모보다 작은 분수는 '진분수'라고 합니다.

- 진분수: 분자가 분모보다 작은 분수

  $\dfrac{1}{2}$, $\dfrac{1}{3}$, $\dfrac{2}{3}$, $\dfrac{1}{4}$, $\dfrac{3}{4}$ ......

- 가분수: 분자가 분모와 같거나 큰 분수

  $\dfrac{3}{3}$, $\dfrac{4}{3}$, $\dfrac{6}{4}$ ......

- 대분수: 자연수와 진분수의 합으로 나타낸 분수

  $1\dfrac{1}{2}$, $2\dfrac{2}{3}$, $4\dfrac{3}{4}$ ......

지도내용 가분수를 대분수로 고칠 때, 분자에서 분모의 배수만큼을 빼서 자연수로 고친 다음, 자연수 + 진분수의 형태가 되는 것에 주의하여 지도해 주세요.

가분수를 대분수로 고치기

분   초
/36

■ 다음 분수를 대분수로 고치시오.

① $\dfrac{9}{2}=$

② $\dfrac{13}{5}=$

③ $\dfrac{31}{4}=$

④ $\dfrac{22}{5}=$

⑤ $\dfrac{12}{7}=$

⑥ $\dfrac{9}{5}=$

⑦ $\dfrac{29}{7}=$

⑧ $3\dfrac{7}{5}=$

⑨ $4\dfrac{20}{6}=$

⑩ $5\dfrac{13}{11}=$

⑪ $2\dfrac{15}{13}=$

⑫ $7\dfrac{11}{9}=$

⑬ $\dfrac{27}{5}=$

⑭ $\dfrac{56}{8}=$

⑮ $\dfrac{81}{7}=$

⑯ $\dfrac{32}{9}=$

⑰ $\dfrac{51}{4}=$

⑱ $\dfrac{91}{7}=$

⑲ $3\dfrac{13}{4}=$

⑳ $5\dfrac{20}{7}=$

㉑ $3\dfrac{12}{5}=$

㉒ $2\dfrac{15}{13}=$

㉓ $4\dfrac{29}{11}=$

㉔ $5\dfrac{21}{17}=$

㉕ $\dfrac{7}{3}=$

㉖ $\dfrac{15}{6}=$

㉗ $\dfrac{17}{4}=$

㉘ $\dfrac{80}{7}=$

㉙ $\dfrac{21}{5}=$

㉚ $\dfrac{51}{9}=$

㉛ $3\dfrac{21}{4}=$

㉜ $5\dfrac{34}{7}=$

㉝ $7\dfrac{30}{3}=$

㉞ $3\dfrac{12}{6}=$

㉟ $2\dfrac{22}{17}=$

㊱ $6\dfrac{18}{11}=$

가분수를 대분수로 고치기

분   초
/36

■ 다음 분수를 대분수로 고치시오.

① $\dfrac{7}{2} =$

② $\dfrac{13}{4} =$

③ $\dfrac{28}{6} =$

④ $\dfrac{51}{5} =$

⑤ $\dfrac{80}{3} =$

⑥ $2\dfrac{7}{4} =$

⑦ $3\dfrac{12}{7} =$

⑧ $6\dfrac{11}{3} =$

⑨ $1\dfrac{17}{5} =$

⑩ $2\dfrac{13}{4} =$

⑪ $3\dfrac{15}{11} =$

⑫ $7\dfrac{13}{12} =$

⑬ $\dfrac{9}{4} =$

⑭ $\dfrac{14}{3} =$

⑮ $\dfrac{20}{7} =$

⑯ $\dfrac{60}{8} =$

⑰ $\dfrac{20}{3} =$

⑱ $\dfrac{59}{6} =$

⑲ $3\dfrac{15}{4} =$

⑳ $5\dfrac{28}{3} =$

㉑ $2\dfrac{11}{7} =$

㉒ $3\dfrac{21}{4} =$

㉓ $5\dfrac{10}{6} =$

㉔ $4\dfrac{14}{12} =$

㉕ $\dfrac{40}{6} =$

㉖ $\dfrac{20}{8} =$

㉗ $\dfrac{26}{3} =$

㉘ $\dfrac{32}{9} =$

㉙ $\dfrac{43}{7} =$

㉚ $3\dfrac{7}{2} =$

㉛ $2\dfrac{49}{3} =$

㉜ $4\dfrac{13}{7} =$

㉝ $5\dfrac{11}{6} =$

㉞ $2\dfrac{15}{13} =$

㉟ $3\dfrac{25}{17} =$

㊱ $2\dfrac{41}{19} =$

■ 다음 분수를 대분수로 고치시오.

① $\dfrac{25}{3} =$

② $\dfrac{17}{4} =$

③ $\dfrac{20}{6} =$

④ $\dfrac{33}{2} =$

⑤ $\dfrac{30}{7} =$

⑥ $\dfrac{41}{8} =$

⑦ $2\dfrac{15}{3} =$

⑧ $3\dfrac{11}{7} =$

⑨ $1\dfrac{10}{8} =$

⑩ $2\dfrac{20}{11} =$

⑪ $3\dfrac{37}{9} =$

⑫ $2\dfrac{25}{13} =$

⑬ $\dfrac{12}{5} =$

⑭ $\dfrac{27}{4} =$

⑮ $\dfrac{45}{6} =$

⑯ $\dfrac{11}{7} =$

⑰ $\dfrac{51}{3} =$

⑱ $\dfrac{43}{9} =$

⑲ $5\dfrac{7}{2} =$

⑳ $2\dfrac{29}{4} =$

㉑ $3\dfrac{17}{5} =$

㉒ $2\dfrac{14}{12} =$

㉓ $3\dfrac{28}{17} =$

㉔ $5\dfrac{30}{21} =$

㉕ $\dfrac{30}{4} =$

㉖ $\dfrac{29}{7} =$

㉗ $\dfrac{37}{6} =$

㉘ $\dfrac{51}{4} =$

㉙ $\dfrac{30}{8} =$

㉚ $2\dfrac{15}{7} =$

㉛ $3\dfrac{35}{8} =$

㉜ $1\dfrac{25}{12} =$

㉝ $2\dfrac{17}{10} =$

㉞ $5\dfrac{29}{7} =$

㉟ $3\dfrac{32}{4} =$

㊱ $4\dfrac{19}{7} =$

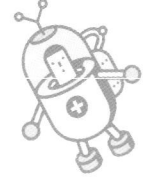

가분수를 대분수로 고치기

■ 다음 분수를 대분수로 고치시오.

① $\dfrac{10}{4} =$

② $\dfrac{25}{3} =$

③ $\dfrac{17}{2} =$

④ $\dfrac{19}{7} =$

⑤ $\dfrac{70}{5} =$

⑥ $\dfrac{64}{8} =$

⑦ $3\dfrac{9}{2} =$

⑧ $4\dfrac{11}{3} =$

⑨ $2\dfrac{27}{9} =$

⑩ $5\dfrac{33}{11} =$

⑪ $2\dfrac{27}{13} =$

⑫ $4\dfrac{39}{15} =$

⑬ $\dfrac{18}{7} =$

⑭ $\dfrac{12}{9} =$

⑮ $\dfrac{41}{3} =$

⑯ $\dfrac{59}{6} =$

⑰ $\dfrac{38}{4} =$

⑱ $\dfrac{35}{6} =$

⑲ $2\dfrac{15}{7} =$

⑳ $3\dfrac{11}{8} =$

㉑ $1\dfrac{13}{11} =$

㉒ $2\dfrac{29}{17} =$

㉓ $4\dfrac{16}{13} =$

㉔ $3\dfrac{27}{15} =$

㉕ $\dfrac{27}{4} =$

㉖ $\dfrac{30}{7} =$

㉗ $\dfrac{49}{2} =$

㉘ $\dfrac{15}{8} =$

㉙ $\dfrac{34}{9} =$

㉚ $\dfrac{31}{11} =$

㉛ $1\dfrac{17}{15} =$

㉜ $3\dfrac{17}{8} =$

㉝ $4\dfrac{9}{7} =$

㉞ $2\dfrac{19}{13} =$

㉟ $3\dfrac{32}{14} =$

㊱ $8\dfrac{40}{21} =$

비타민 D 83-05

가분수를 대분수로 고치기

분   초
/36

■ 다음 분수를 대분수로 고치시오.

① $\dfrac{31}{4}$ =

② $\dfrac{17}{5}$ =

③ $\dfrac{37}{7}$ =

④ $\dfrac{28}{2}$ =

⑤ $\dfrac{71}{5}$ =

⑥ $\dfrac{41}{9}$ =

⑦ $2\dfrac{10}{4}$ =

⑧ $3\dfrac{27}{7}$ =

⑨ $5\dfrac{15}{8}$ =

⑩ $2\dfrac{17}{15}$ =

⑪ $3\dfrac{38}{17}$ =

⑫ $2\dfrac{50}{21}$ =

⑬ $\dfrac{21}{5}$ =

⑭ $\dfrac{49}{7}$ =

⑮ $\dfrac{52}{6}$ =

⑯ $\dfrac{70}{8}$ =

⑰ $\dfrac{33}{9}$ =

⑱ $\dfrac{47}{10}$ =

⑲ $2\dfrac{31}{9}$ =

⑳ $3\dfrac{47}{7}$ =

㉑ $5\dfrac{71}{8}$ =

㉒ $7\dfrac{49}{2}$ =

㉓ $6\dfrac{48}{15}$ =

㉔ $2\dfrac{51}{24}$ =

㉕ $\dfrac{40}{3}$ =

㉖ $\dfrac{25}{4}$ =

㉗ $\dfrac{31}{7}$ =

㉘ $\dfrac{50}{9}$ =

㉙ $\dfrac{25}{8}$ =

㉚ $\dfrac{27}{5}$ =

㉛ $3\dfrac{15}{7}$ =

㉜ $4\dfrac{19}{8}$ =

㉝ $2\dfrac{33}{5}$ =

㉞ $7\dfrac{59}{13}$ =

㉟ $2\dfrac{32}{17}$ =

㊱ $5\dfrac{27}{19}$ =

가분수를 대분수로 고치기

분   초
/36

■ 다음 분수를 대분수로 고치시오.

① $\dfrac{13}{4} =$

② $\dfrac{11}{7} =$

③ $\dfrac{17}{9} =$

④ $\dfrac{21}{2} =$

⑤ $\dfrac{31}{3} =$

⑥ $\dfrac{27}{9} =$

⑦ $\dfrac{20}{11} =$

⑧ $2\dfrac{11}{4} =$

⑨ $3\dfrac{10}{7} =$

⑩ $4\dfrac{18}{9} =$

⑪ $5\dfrac{15}{13} =$

⑫ $2\dfrac{22}{19} =$

⑬ $\dfrac{18}{5} =$

⑭ $\dfrac{28}{9} =$

⑮ $\dfrac{32}{7} =$

⑯ $\dfrac{46}{3} =$

⑰ $\dfrac{22}{8} =$

⑱ $\dfrac{18}{7} =$

⑲ $5\dfrac{15}{4} =$

⑳ $1\dfrac{12}{8} =$

㉑ $3\dfrac{19}{7} =$

㉒ $4\dfrac{17}{15} =$

㉓ $7\dfrac{19}{13} =$

㉔ $3\dfrac{48}{21} =$

㉕ $\dfrac{31}{4} =$

㉖ $\dfrac{25}{7} =$

㉗ $\dfrac{12}{5} =$

㉘ $\dfrac{79}{3} =$

㉙ $\dfrac{50}{9} =$

㉚ $1\dfrac{15}{12} =$

㉛ $2\dfrac{25}{17} =$

㉜ $7\dfrac{7}{5} =$

㉝ $3\dfrac{23}{8} =$

㉞ $5\dfrac{51}{9} =$

㉟ $6\dfrac{31}{17} =$

㊱ $2\dfrac{30}{25} =$

가분수를 대분수로 고치기

분   초

/36

■ 다음 분수를 대분수로 고치시오.

① $\dfrac{19}{3} =$

② $\dfrac{24}{7} =$

③ $\dfrac{18}{5} =$

④ $\dfrac{27}{6} =$

⑤ $\dfrac{47}{9} =$

⑥ $1\dfrac{17}{8} =$

⑦ $3\dfrac{31}{7} =$

⑧ $7\dfrac{13}{4} =$

⑨ $2\dfrac{25}{14} =$

⑩ $5\dfrac{17}{11} =$

⑪ $3\dfrac{21}{15} =$

⑫ $4\dfrac{27}{22} =$

⑬ $\dfrac{33}{4} =$

⑭ $\dfrac{23}{7} =$

⑮ $\dfrac{72}{9} =$

⑯ $\dfrac{63}{6} =$

⑰ $\dfrac{46}{8} =$

⑱ $2\dfrac{11}{8} =$

⑲ $7\dfrac{16}{3} =$

⑳ $8\dfrac{16}{11} =$

㉑ $3\dfrac{25}{18} =$

㉒ $5\dfrac{25}{21} =$

㉓ $1\dfrac{18}{17} =$

㉔ $2\dfrac{27}{24} =$

㉕ $\dfrac{47}{9} =$

㉖ $\dfrac{31}{6} =$

㉗ $\dfrac{47}{4} =$

㉘ $\dfrac{17}{9} =$

㉙ $\dfrac{92}{3} =$

㉚ $2\dfrac{16}{9} =$

㉛ $4\dfrac{14}{3} =$

㉜ $2\dfrac{17}{14} =$

㉝ $3\dfrac{19}{17} =$

㉞ $5\dfrac{15}{11} =$

㉟ $4\dfrac{20}{18} =$

㊱ $2\dfrac{25}{21} =$

가분수를 대분수로 고치기

분   초
/36

■ 다음 분수를 대분수로 고치시오.

① $\dfrac{43}{5}$ =

② $\dfrac{24}{3}$ =

③ $\dfrac{17}{4}$ =

④ $\dfrac{33}{7}$ =

⑤ $\dfrac{61}{9}$ =

⑥ $\dfrac{52}{6}$ =

⑦ $1\dfrac{15}{11}$ =

⑧ $2\dfrac{28}{3}$ =

⑨ $3\dfrac{18}{16}$ =

⑩ $5\dfrac{22}{19}$ =

⑪ $4\dfrac{25}{21}$ =

⑫ $7\dfrac{15}{13}$ =

⑬ $\dfrac{23}{6}$ =

⑭ $\dfrac{71}{2}$ =

⑮ $\dfrac{53}{3}$ =

⑯ $\dfrac{42}{9}$ =

⑰ $\dfrac{39}{7}$ =

⑱ $\dfrac{54}{9}$ =

⑲ $2\dfrac{14}{7}$ =

⑳ $5\dfrac{15}{14}$ =

㉑ $3\dfrac{24}{17}$ =

㉒ $8\dfrac{19}{4}$ =

㉓ $2\dfrac{19}{17}$ =

㉔ $5\dfrac{25}{23}$ =

㉕ $\dfrac{13}{3}$ =

㉖ $\dfrac{17}{5}$ =

㉗ $\dfrac{52}{9}$ =

㉘ $\dfrac{74}{7}$ =

㉙ $\dfrac{23}{11}$ =

㉚ $2\dfrac{17}{14}$ =

㉛ $5\dfrac{18}{17}$ =

㉜ $7\dfrac{12}{7}$ =

㉝ $2\dfrac{23}{18}$ =

㉞ $3\dfrac{16}{13}$ =

㉟ $5\dfrac{23}{8}$ =

㊱ $3\dfrac{25}{19}$ =

가분수를 대분수로 고치기

분   초
/36

■ 다음 분수를 대분수로 고치시오.

① $\dfrac{27}{6}=$

② $\dfrac{47}{3}=$

③ $\dfrac{22}{9}=$

④ $\dfrac{36}{8}=$

⑤ $\dfrac{27}{5}=$

⑥ $1\dfrac{15}{6}=$

⑦ $2\dfrac{17}{9}=$

⑧ $4\dfrac{12}{7}=$

⑨ $5\dfrac{15}{12}=$

⑩ $3\dfrac{19}{17}=$

⑪ $7\dfrac{15}{13}=$

⑫ $4\dfrac{28}{27}=$

⑬ $\dfrac{34}{7}=$

⑭ $\dfrac{81}{3}=$

⑮ $\dfrac{17}{6}=$

⑯ $\dfrac{11}{9}=$

⑰ $\dfrac{25}{7}=$

⑱ $\dfrac{35}{9}=$

⑲ $1\dfrac{12}{8}=$

⑳ $2\dfrac{15}{4}=$

㉑ $3\dfrac{11}{9}=$

㉒ $2\dfrac{17}{15}=$

㉓ $5\dfrac{22}{19}=$

㉔ $2\dfrac{19}{16}=$

㉕ $\dfrac{27}{5}=$

㉖ $\dfrac{17}{7}=$

㉗ $\dfrac{29}{3}=$

㉘ $\dfrac{31}{6}=$

㉙ $\dfrac{11}{3}=$

㉚ $\dfrac{43}{7}=$

㉛ $\dfrac{34}{5}=$

㉜ $2\dfrac{12}{7}=$

㉝ $4\dfrac{15}{12}=$

㉞ $3\dfrac{21}{17}=$

㉟ $1\dfrac{17}{14}=$

㊱ $2\dfrac{29}{24}=$

가분수를 대분수로 고치기

분   초
/36

■ 다음 분수를 대분수로 고치시오.

① $\dfrac{25}{3} =$

② $\dfrac{53}{7} =$

③ $\dfrac{62}{8} =$

④ $\dfrac{71}{3} =$

⑤ $\dfrac{30}{4} =$

⑥ $\dfrac{51}{6} =$

⑦ $2\dfrac{12}{7} =$

⑧ $3\dfrac{9}{8} =$

⑨ $2\dfrac{15}{13} =$

⑩ $5\dfrac{18}{15} =$

⑪ $5\dfrac{12}{9} =$

⑫ $7\dfrac{17}{13} =$

⑬ $\dfrac{21}{4} =$

⑭ $\dfrac{11}{3} =$

⑮ $\dfrac{13}{5} =$

⑯ $\dfrac{47}{9} =$

⑰ $\dfrac{62}{7} =$

⑱ $\dfrac{37}{6} =$

⑲ $2\dfrac{13}{9} =$

⑳ $3\dfrac{17}{12} =$

㉑ $5\dfrac{16}{15} =$

㉒ $4\dfrac{13}{8} =$

㉓ $2\dfrac{22}{19} =$

㉔ $3\dfrac{20}{17} =$

㉕ $\dfrac{19}{7} =$

㉖ $\dfrac{48}{4} =$

㉗ $\dfrac{64}{3} =$

㉘ $\dfrac{49}{9} =$

㉙ $\dfrac{26}{3} =$

㉚ $3\dfrac{17}{10} =$

㉛ $2\dfrac{21}{13} =$

㉜ $4\dfrac{11}{8} =$

㉝ $5\dfrac{17}{13} =$

㉞ $1\dfrac{25}{22} =$

㉟ $2\dfrac{21}{9} =$

㊱ $3\dfrac{26}{18} =$

84단계

■ 학습 일정 관리표

	공부한 날	정답수	오답수	소요시간	표준완성시간
84-01호				분 초	
84-02호				분 초	
84-03호				분 초	
84-04호				분 초	1,2학년 : 정답중심
84-05호				분 초	
84-06호				분 초	3,4학년 : 4분이내
84-07호				분 초	
84-08호				분 초	5,6학년 : 3분이내
84-09호				분 초	
84-10호				분 초	

분모가 같은 분수끼리 더하여 그 결과값이 가분수가 나오는 경우, 대분수로
고쳐 답을 적는 방법을 공부합니다.

◉ 진분수 + 진분수

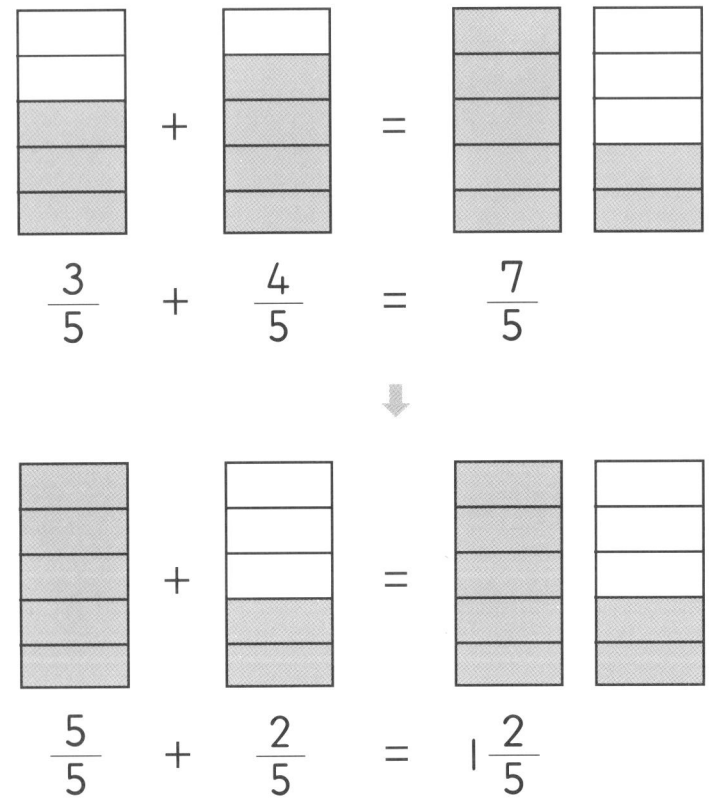

$$\frac{3}{5} + \frac{4}{5} = \frac{7}{5}$$

$$\frac{5}{5} + \frac{2}{5} = 1\frac{2}{5}$$

이렇게 진분수와 진분수를 더하여 가분수의 값이 나온 경우, 분자에서 분모의
배수만큼을 빼서 자연수로 바꾸어 대분수로 고칩니다.

지도내용 가분수에서 대분수로 고칠 때, 분자에서 분모의 배수만큼 빼서 자연수로 바꾸는 것에
주의하도록 지도해 주세요.

분모가 같은 분수의 덧셈 2

■ 다음 분수를 덧셈하여 대분수로 고치시오.

① $\dfrac{3}{5} + \dfrac{4}{5} =$

② $\dfrac{7}{9} + \dfrac{8}{9} =$

③ $\dfrac{10}{11} + \dfrac{10}{11} =$

④ $\dfrac{11}{13} + \dfrac{12}{13} =$

⑤ $\dfrac{10}{15} + \dfrac{12}{15} =$

⑥ $\dfrac{17}{19} + \dfrac{18}{19} =$

⑦ $\dfrac{18}{23} + \dfrac{21}{23} =$

⑧ $\dfrac{21}{25} + \dfrac{23}{25} =$

⑨ $\dfrac{23}{26} + \dfrac{24}{26} =$

⑩ $\dfrac{22}{27} + \dfrac{25}{27} =$

⑪ $\dfrac{5}{7} + \dfrac{6}{7} =$

⑫ $\dfrac{8}{10} + \dfrac{9}{10} =$

⑬ $\dfrac{13}{15} + \dfrac{14}{15} =$

⑭ $\dfrac{8}{17} + \dfrac{15}{17} =$

⑮ $\dfrac{18}{21} + \dfrac{20}{21} =$

⑯ $\dfrac{21}{24} + \dfrac{23}{24} =$

⑰ $\dfrac{25}{28} + \dfrac{17}{28} =$

⑱ $\dfrac{16}{25} + \dfrac{19}{25} =$

⑲ $\dfrac{22}{24} + \dfrac{12}{24} =$

⑳ $\dfrac{27}{28} + \dfrac{12}{28} =$

분모가 같은 분수의 덧셈 2

■ 다음 분수를 덧셈하여 대분수로 고치시오.

① $\dfrac{2}{4} + \dfrac{3}{4} =$

② $\dfrac{1}{12} + \dfrac{11}{12} =$

③ $\dfrac{12}{15} + \dfrac{4}{15} =$

④ $\dfrac{15}{17} + \dfrac{16}{17} =$

⑤ $\dfrac{18}{21} + \dfrac{19}{21} =$

⑥ $\dfrac{21}{25} + \dfrac{23}{25} =$

⑦ $\dfrac{18}{24} + \dfrac{19}{24} =$

⑧ $\dfrac{25}{27} + \dfrac{19}{27} =$

⑨ $\dfrac{21}{28} + \dfrac{27}{28} =$

⑩ $\dfrac{25}{29} + \dfrac{26}{29} =$

⑪ $\dfrac{5}{6} + \dfrac{5}{6} =$

⑫ $\dfrac{7}{9} + \dfrac{8}{9} =$

⑬ $\dfrac{5}{12} + \dfrac{8}{12} =$

⑭ $\dfrac{11}{15} + \dfrac{14}{15} =$

⑮ $\dfrac{17}{23} + \dfrac{19}{23} =$

⑯ $\dfrac{21}{27} + \dfrac{25}{27} =$

⑰ $\dfrac{20}{23} + \dfrac{17}{23} =$

⑱ $\dfrac{13}{26} + \dfrac{19}{26} =$

⑲ $\dfrac{24}{29} + \dfrac{27}{29} =$

⑳ $\dfrac{23}{28} + \dfrac{26}{28} =$

■ 다음 분수를 덧셈하여 대분수로 고치시오.

① $\dfrac{3}{7} + \dfrac{6}{7} =$

② $\dfrac{5}{9} + \dfrac{5}{9} =$

③ $\dfrac{5}{13} + \dfrac{9}{13} =$

④ $\dfrac{11}{15} + \dfrac{18}{15} =$

⑤ $\dfrac{9}{17} + \dfrac{16}{17} =$

⑥ $\dfrac{11}{18} + \dfrac{13}{18} =$

⑦ $\dfrac{15}{23} + \dfrac{17}{23} =$

⑧ $\dfrac{22}{25} + \dfrac{24}{25} =$

⑨ $\dfrac{25}{27} + \dfrac{23}{27} =$

⑩ $\dfrac{23}{28} + \dfrac{27}{28} =$

⑪ $\dfrac{4}{8} + \dfrac{5}{8} =$

⑫ $\dfrac{9}{11} + \dfrac{10}{11} =$

⑬ $\dfrac{12}{14} + \dfrac{8}{14} =$

⑭ $\dfrac{13}{16} + \dfrac{15}{16} =$

⑮ $\dfrac{13}{15} + \dfrac{14}{15} =$

⑯ $\dfrac{15}{19} + \dfrac{17}{19} =$

⑰ $\dfrac{13}{24} + \dfrac{15}{24} =$

⑱ $\dfrac{21}{26} + \dfrac{24}{26} =$

⑲ $\dfrac{26}{28} + \dfrac{24}{28} =$

⑳ $\dfrac{24}{26} + \dfrac{25}{26} =$

분모가 같은 분수의 덧셈 2

분   초
/20

■ 다음 분수를 덧셈하여 대분수로 고치시오.

① $\dfrac{7}{8} + \dfrac{6}{8} =$

⑪ $\dfrac{4}{9} + \dfrac{8}{9} =$

② $\dfrac{7}{10} + \dfrac{8}{10} =$

⑫ $\dfrac{5}{12} + \dfrac{9}{12} =$

③ $\dfrac{11}{14} + \dfrac{13}{14} =$

⑬ $\dfrac{11}{15} + \dfrac{13}{15} =$

④ $\dfrac{15}{16} + \dfrac{13}{16} =$

⑭ $\dfrac{15}{23} + \dfrac{7}{23} =$

⑤ $\dfrac{15}{19} + \dfrac{16}{19} =$

⑮ $\dfrac{14}{25} + \dfrac{19}{25} =$

⑥ $\dfrac{19}{23} + \dfrac{21}{23} =$

⑯ $\dfrac{23}{27} + \dfrac{25}{27} =$

⑦ $\dfrac{22}{24} + \dfrac{17}{24} =$

⑰ $\dfrac{25}{28} + \dfrac{14}{28} =$

⑧ $\dfrac{23}{26} + \dfrac{19}{26} =$

⑱ $\dfrac{25}{29} + \dfrac{23}{29} =$

⑨ $\dfrac{23}{25} + \dfrac{24}{25} =$

⑲ $\dfrac{23}{24} + \dfrac{23}{24} =$

⑩ $\dfrac{25}{28} + \dfrac{24}{28} =$

⑳ $\dfrac{25}{27} + \dfrac{23}{27} =$

분모가 같은 분수의 덧셈 2

분   초

/20

■ 다음 분수를 덧셈하여 대분수로 고치시오.

① $\dfrac{6}{8} + \dfrac{3}{8} =$

② $\dfrac{8}{11} + \dfrac{7}{11} =$

③ $\dfrac{9}{13} + \dfrac{10}{13} =$

④ $\dfrac{12}{15} + \dfrac{13}{15} =$

⑤ $\dfrac{15}{19} + \dfrac{16}{19} =$

⑥ $\dfrac{19}{23} + \dfrac{20}{23} =$

⑦ $\dfrac{23}{25} + \dfrac{15}{25} =$

⑧ $\dfrac{24}{26} + \dfrac{25}{26} =$

⑨ $\dfrac{23}{28} + \dfrac{27}{28} =$

⑩ $\dfrac{23}{25} + \dfrac{23}{25} =$

⑪ $\dfrac{4}{9} + \dfrac{6}{9} =$

⑫ $\dfrac{12}{14} + \dfrac{11}{14} =$

⑬ $\dfrac{12}{15} + \dfrac{13}{15} =$

⑭ $\dfrac{15}{18} + \dfrac{12}{18} =$

⑮ $\dfrac{19}{22} + \dfrac{20}{22} =$

⑯ $\dfrac{21}{24} + \dfrac{22}{24} =$

⑰ $\dfrac{25}{28} + \dfrac{17}{28} =$

⑱ $\dfrac{25}{27} + \dfrac{26}{27} =$

⑲ $\dfrac{24}{26} + \dfrac{23}{26} =$

⑳ $\dfrac{24}{29} + \dfrac{26}{29} =$

분모가 같은 분수의 덧셈 2

분   초
/20

■ 다음 분수를 덧셈하여 대분수로 고치시오.

① $\dfrac{7}{10} + \dfrac{8}{10} =$

② $\dfrac{10}{12} + \dfrac{11}{12} =$

③ $\dfrac{11}{13} + \dfrac{12}{13} =$

④ $\dfrac{14}{17} + \dfrac{16}{17} =$

⑤ $\dfrac{7}{18} + \dfrac{13}{18} =$

⑥ $\dfrac{20}{23} + \dfrac{17}{23} =$

⑦ $\dfrac{18}{25} + \dfrac{21}{25} =$

⑧ $\dfrac{23}{27} + \dfrac{15}{27} =$

⑨ $\dfrac{22}{28} + \dfrac{27}{28} =$

⑩ $\dfrac{25}{29} + \dfrac{24}{29} =$

⑪ $\dfrac{7}{9} + \dfrac{7}{9} =$

⑫ $\dfrac{10}{11} + \dfrac{10}{11} =$

⑬ $\dfrac{11}{15} + \dfrac{13}{15} =$

⑭ $\dfrac{13}{16} + \dfrac{8}{16} =$

⑮ $\dfrac{15}{19} + \dfrac{14}{19} =$

⑯ $\dfrac{22}{25} + \dfrac{23}{25} =$

⑰ $\dfrac{26}{28} + \dfrac{15}{28} =$

⑱ $\dfrac{18}{29} + \dfrac{23}{29} =$

⑲ $\dfrac{23}{24} + \dfrac{22}{24} =$

⑳ $\dfrac{25}{27} + \dfrac{26}{27} =$

분모가 같은 분수의 덧셈 2

분   초
/20

■ 다음 분수를 덧셈하여 대분수로 고치시오.

① $\dfrac{4}{5} + \dfrac{4}{5} =$

② $\dfrac{7}{9} + \dfrac{7}{9} =$

③ $\dfrac{12}{13} + \dfrac{11}{13} =$

④ $\dfrac{12}{15} + \dfrac{14}{15} =$

⑤ $\dfrac{15}{17} + \dfrac{15}{17} =$

⑥ $\dfrac{13}{23} + \dfrac{14}{23} =$

⑦ $\dfrac{21}{25} + \dfrac{22}{25} =$

⑧ $\dfrac{25}{27} + \dfrac{23}{27} =$

⑨ $\dfrac{23}{25} + \dfrac{23}{25} =$

⑩ $\dfrac{24}{26} + \dfrac{24}{26}$

⑪ $\dfrac{5}{6} + \dfrac{3}{6} =$

⑫ $\dfrac{10}{11} + \dfrac{9}{11} =$

⑬ $\dfrac{12}{15} + \dfrac{13}{15} =$

⑭ $\dfrac{15}{18} + \dfrac{13}{18} =$

⑮ $\dfrac{20}{21} + \dfrac{15}{21} =$

⑯ $\dfrac{21}{24} + \dfrac{22}{24} =$

⑰ $\dfrac{25}{28} + \dfrac{16}{28} =$

⑱ $\dfrac{17}{25} + \dfrac{19}{25} =$

⑲ $\dfrac{24}{27} + \dfrac{26}{27} =$

⑳ $\dfrac{24}{28} + \dfrac{25}{28} =$

■ 다음 분수를 덧셈하여 대분수로 고치시오.

① $\dfrac{5}{9} + \dfrac{7}{9} =$

② $\dfrac{11}{13} + \dfrac{10}{13} =$

③ $\dfrac{10}{15} + \dfrac{10}{15} =$

④ $\dfrac{14}{19} + \dfrac{13}{19} =$

⑤ $\dfrac{21}{24} + \dfrac{22}{24} =$

⑥ $\dfrac{23}{27} + \dfrac{14}{27} =$

⑦ $\dfrac{21}{25} + \dfrac{20}{25} =$

⑧ $\dfrac{24}{28} + \dfrac{15}{28} =$

⑨ $\dfrac{24}{28} + \dfrac{25}{28} =$

⑩ $\dfrac{24}{27} + \dfrac{25}{27} =$

⑪ $\dfrac{5}{8} + \dfrac{7}{8} =$

⑫ $\dfrac{10}{12} + \dfrac{11}{12} =$

⑬ $\dfrac{13}{16} + \dfrac{14}{16} =$

⑭ $\dfrac{15}{18} + \dfrac{7}{18} =$

⑮ $\dfrac{18}{23} + \dfrac{19}{23} =$

⑯ $\dfrac{23}{25} + \dfrac{21}{25} =$

⑰ $\dfrac{17}{23} + \dfrac{18}{23} =$

⑱ $\dfrac{23}{26} + \dfrac{25}{26} =$

⑲ $\dfrac{23}{24} + \dfrac{22}{24} =$

⑳ $\dfrac{23}{25} + \dfrac{24}{25} =$

분모가 같은 분수의 덧셈 2

분   초
/20

■ 다음 분수를 덧셈하여 대분수로 고치시오.

① $\dfrac{3}{8} + \dfrac{7}{8} =$

② $\dfrac{7}{10} + \dfrac{8}{10} =$

③ $\dfrac{13}{15} + \dfrac{11}{15} =$

④ $\dfrac{12}{16} + \dfrac{13}{16} =$

⑤ $\dfrac{17}{19} + \dfrac{13}{19} =$

⑥ $\dfrac{19}{21} + \dfrac{20}{21} =$

⑦ $\dfrac{21}{24} + \dfrac{23}{24} =$

⑧ $\dfrac{20}{27} + \dfrac{17}{27} =$

⑨ $\dfrac{24}{25} + \dfrac{22}{25} =$

⑩ $\dfrac{23}{24} + \dfrac{22}{24} =$

⑪ $\dfrac{4}{7} + \dfrac{6}{7} =$

⑫ $\dfrac{8}{12} + \dfrac{9}{12} =$

⑬ $\dfrac{12}{14} + \dfrac{11}{14} =$

⑭ $\dfrac{15}{18} + \dfrac{17}{18} =$

⑮ $\dfrac{16}{20} + \dfrac{17}{20} =$

⑯ $\dfrac{19}{23} + \dfrac{21}{23} =$

⑰ $\dfrac{21}{25} + \dfrac{24}{25} =$

⑱ $\dfrac{24}{28} + \dfrac{25}{28} =$

⑲ $\dfrac{23}{28} + \dfrac{26}{28} =$

⑳ $\dfrac{23}{29} + \dfrac{26}{29}$

분모가 같은 분수의 덧셈 2

분   초
/20

■ 다음 분수를 덧셈하여 대분수로 고치시오.

① $\dfrac{5}{7} + \dfrac{6}{7} =$

② $\dfrac{8}{12} + \dfrac{10}{12} =$

③ $\dfrac{8}{13} + \dfrac{9}{13} =$

④ $\dfrac{12}{15} + \dfrac{13}{15} =$

⑤ $\dfrac{13}{16} + \dfrac{14}{16} =$

⑥ $\dfrac{18}{19} + \dfrac{11}{19} =$

⑦ $\dfrac{19}{24} + \dfrac{21}{24} =$

⑧ $\dfrac{23}{27} + \dfrac{21}{27} =$

⑨ $\dfrac{22}{24} + \dfrac{22}{24} =$

⑩ $\dfrac{24}{26} + \dfrac{25}{26} =$

⑪ $\dfrac{8}{9} + \dfrac{7}{9} =$

⑫ $\dfrac{11}{13} + \dfrac{10}{13} =$

⑬ $\dfrac{13}{16} + \dfrac{14}{16} =$

⑭ $\dfrac{15}{18} + \dfrac{7}{18} =$

⑮ $\dfrac{21}{23} + \dfrac{19}{23} =$

⑯ $\dfrac{23}{25} + \dfrac{23}{25} =$

⑰ $\dfrac{19}{27} + \dfrac{26}{27} =$

⑱ $\dfrac{26}{29} + \dfrac{25}{29} =$

⑲ $\dfrac{24}{26} + \dfrac{23}{26} =$

⑳ $\dfrac{24}{29} + \dfrac{26}{29} =$

85 단계

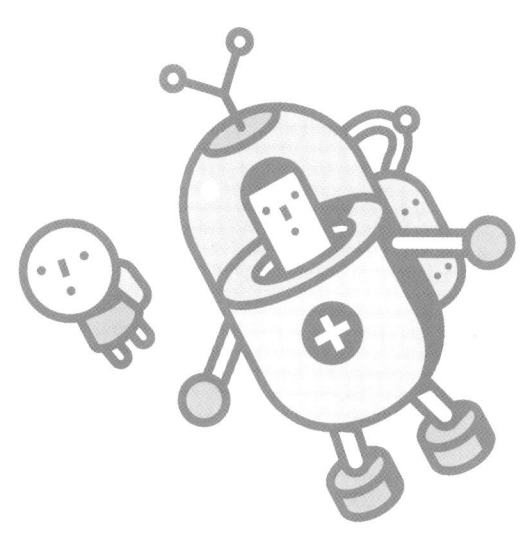

■ 학습 일정 관리표

	공부한 날	정답수	오답수	소요시간	표준완성시간
85-01호				분 초	
85-02호				분 초	
85-03호				분 초	
85-04호				분 초	1,2학년 : 정답중심
85-05호				분 초	
85-06호				분 초	3,4학년 : 5분이내
85-07호				분 초	
85-08호				분 초	5,6학년 : 4분이내
85-09호				분 초	
85-10호				분 초	

대분수와 진분수를 더하여 결과값이 가분수가 나왔을 때, 값을 대분수로 바꾸어 답을 적습니다.

⊙ 대분수 + 진분수

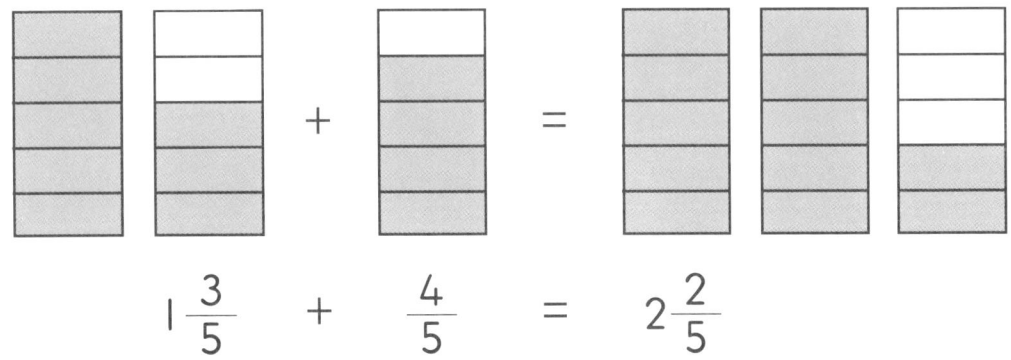

$$1\frac{3}{5} + \frac{4}{5} = 2\frac{2}{5}$$

$1\frac{3}{5}$ 과 $\frac{4}{5}$ 를 더하면 $1\frac{7}{5}$ 이 됩니다. 여기서 $\frac{5}{5}$ 는 1이므로 자연수끼리 더한 값은 2가 됩니다.

이렇게 대분수와 진분수의 덧셈에서 그 값의 분수 부분이 가분수로 나온 경우에는 분수 부분을 대분수로 고쳐 자연수 부분과 더하여 답을 씁니다.

지도내용   계산 결과가 가분수로 나온 경우, 대분수로 고쳐서 답을 쓰는 것에 주의하여 지도해 주세요.

■ 다음 분수를 덧셈하여 대분수로 고치시오.

① $1\dfrac{3}{5} + \dfrac{4}{5} =$

⑪ $1\dfrac{4}{6} + \dfrac{5}{6} =$

② $2\dfrac{4}{7} + \dfrac{5}{7} =$

⑫ $2\dfrac{5}{8} + \dfrac{6}{8} =$

③ $1\dfrac{7}{9} + \dfrac{8}{9} =$

⑬ $3\dfrac{5}{9} + \dfrac{8}{9} =$

④ $2\dfrac{5}{8} + \dfrac{7}{8} =$

⑭ $\dfrac{5}{7} + 2\dfrac{4}{7} =$

⑤ $\dfrac{5}{7} + 1\dfrac{6}{7} =$

⑮ $\dfrac{7}{10} + 1\dfrac{8}{10} =$

⑥ $\dfrac{5}{11} + 1\dfrac{6}{11} =$

⑯ $\dfrac{6}{8} + 3\dfrac{7}{8} =$

⑦ $\dfrac{10}{12} + 1\dfrac{11}{12} =$

⑰ $1\dfrac{4}{5} + 1\dfrac{4}{5} =$

⑧ $1\dfrac{7}{8} + 1\dfrac{7}{8} =$

⑱ $1\dfrac{5}{7} + 2\dfrac{6}{7} =$

⑨ $2\dfrac{4}{9} + 1\dfrac{6}{9} =$

⑲ $1\dfrac{3}{8} + 1\dfrac{7}{8} =$

⑩ $1\dfrac{8}{11} + 2\dfrac{9}{11} =$

⑳ $2\dfrac{10}{12} + 1\dfrac{11}{12} =$

분모가 같은 분수의 덧셈 3

분   초
/20

■ 다음 분수를 덧셈하여 대분수로 고치시오.

① $1\dfrac{3}{4} + \dfrac{3}{4} =$

② $3\dfrac{2}{5} + \dfrac{4}{5} =$

③ $2\dfrac{5}{9} + \dfrac{8}{9} =$

④ $\dfrac{3}{8} + 3\dfrac{5}{8} =$

⑤ $\dfrac{4}{7} + 2\dfrac{4}{7} =$

⑥ $\dfrac{8}{10} + 1\dfrac{7}{10} =$

⑦ $1\dfrac{7}{12} + 1\dfrac{7}{12} =$

⑧ $2\dfrac{3}{9} + 1\dfrac{7}{9} =$

⑨ $3\dfrac{4}{11} + 2\dfrac{9}{11} =$

⑩ $2\dfrac{3}{13} + 1\dfrac{10}{13} =$

⑪ $2\dfrac{5}{8} + \dfrac{5}{8} =$

⑫ $4\dfrac{4}{5} + \dfrac{3}{5} =$

⑬ $3\dfrac{6}{9} + \dfrac{7}{9} =$

⑭ $\dfrac{5}{8} + 2\dfrac{6}{8} =$

⑮ $\dfrac{7}{10} + 3\dfrac{8}{10} =$

⑯ $2\dfrac{4}{6} + 2\dfrac{4}{6} =$

⑰ $3\dfrac{4}{8} + 2\dfrac{5}{8} =$

⑱ $5\dfrac{3}{4} + 3\dfrac{2}{4} =$

⑲ $2\dfrac{5}{9} + 3\dfrac{6}{9} =$

⑳ $1\dfrac{5}{12} + \dfrac{7}{12} =$

■ 다음 분수를 덧셈하여 대분수로 고치시오.

① $1\dfrac{4}{6} + \dfrac{5}{6} =$

② $2\dfrac{3}{5} + \dfrac{4}{5} =$

③ $3\dfrac{4}{8} + \dfrac{5}{8} =$

④ $\dfrac{4}{9} + 3\dfrac{6}{9} =$

⑤ $\dfrac{5}{7} + 4\dfrac{5}{7} =$

⑥ $\dfrac{5}{8} + 2\dfrac{7}{8} =$

⑦ $2\dfrac{3}{4} + 1\dfrac{2}{4} =$

⑧ $1\dfrac{4}{6} + 3\dfrac{5}{6} =$

⑨ $2\dfrac{3}{8} + 3\dfrac{4}{8} =$

⑩ $1\dfrac{4}{9} + 5\dfrac{6}{9} =$

⑪ $2\dfrac{2}{5} + \dfrac{4}{5} =$

⑫ $2\dfrac{3}{7} + \dfrac{5}{7} =$

⑬ $\dfrac{4}{9} + 2\dfrac{5}{9} =$

⑭ $\dfrac{5}{8} + 3\dfrac{5}{8} =$

⑮ $\dfrac{5}{7} + 2\dfrac{6}{7} =$

⑯ $3\dfrac{4}{5} + 1\dfrac{4}{5} =$

⑰ $2\dfrac{3}{7} + 1\dfrac{4}{7} =$

⑱ $1\dfrac{5}{6} + 2\dfrac{5}{6} =$

⑲ $2\dfrac{3}{4} + 5\dfrac{3}{4} =$

⑳ $1\dfrac{4}{7} + 5\dfrac{5}{7} =$

분모가 같은 분수의 덧셈 3

■ 다음 분수를 덧셈하여 대분수로 고치시오.

① $1\dfrac{5}{8} + \dfrac{6}{8} =$

⑪ $2\dfrac{4}{5} + \dfrac{4}{5} =$

② $2\dfrac{5}{7} + \dfrac{6}{7} =$

⑫ $1\dfrac{4}{6} + \dfrac{3}{6} =$

③ $3\dfrac{4}{9} + \dfrac{6}{9} =$

⑬ $3\dfrac{3}{4} + \dfrac{2}{4} =$

④ $\dfrac{5}{8} + 3\dfrac{6}{8} =$

⑭ $\dfrac{5}{6} + 2\dfrac{3}{6} =$

⑤ $\dfrac{6}{7} + 2\dfrac{6}{7} =$

⑮ $\dfrac{4}{7} + 1\dfrac{6}{7} =$

⑥ $\dfrac{5}{9} + 3\dfrac{6}{9} =$

⑯ $\dfrac{3}{9} + 2\dfrac{5}{9} =$

⑦ $2\dfrac{3}{5} + 1\dfrac{4}{5} =$

⑰ $3\dfrac{4}{6} + 1\dfrac{5}{6} =$

⑧ $1\dfrac{3}{7} + 2\dfrac{5}{7} =$

⑱ $2\dfrac{4}{7} + 2\dfrac{6}{7} =$

⑨ $2\dfrac{3}{4} + 3\dfrac{3}{4} =$

⑲ $1\dfrac{5}{9} + 2\dfrac{5}{9} =$

⑩ $3\dfrac{4}{5} + 2\dfrac{3}{5} =$

⑳ $4\dfrac{6}{7} + 3\dfrac{6}{7} =$

분모가 같은 분수의 덧셈 3

분   초
/20

■ 다음 분수를 덧셈하여 대분수로 고치시오.

① $1\dfrac{3}{4} + \dfrac{2}{4} =$

② $2\dfrac{4}{6} + \dfrac{5}{6} =$

③ $2\dfrac{6}{9} + \dfrac{5}{9} =$

④ $\dfrac{4}{6} + 2\dfrac{5}{6} =$

⑤ $\dfrac{6}{8} + 1\dfrac{7}{8} =$

⑥ $\dfrac{5}{7} + 2\dfrac{6}{7} =$

⑦ $3\dfrac{2}{4} + 2\dfrac{3}{4} =$

⑧ $2\dfrac{3}{5} + 1\dfrac{4}{5} =$

⑨ $3\dfrac{4}{6} + 3\dfrac{4}{6} =$

⑩ $4\dfrac{4}{7} + 3\dfrac{5}{7} =$

⑪ $2\dfrac{3}{5} + \dfrac{4}{5} =$

⑫ $1\dfrac{5}{7} + \dfrac{4}{7} =$

⑬ $2\dfrac{5}{8} + \dfrac{6}{8} =$

⑭ $\dfrac{5}{7} + 1\dfrac{4}{7} =$

⑮ $\dfrac{5}{9} + 4\dfrac{5}{9} =$

⑯ $2\dfrac{5}{8} + 2\dfrac{6}{8} =$

⑰ $3\dfrac{4}{5} + 2\dfrac{3}{5} =$

⑱ $3\dfrac{4}{7} + 2\dfrac{5}{7} =$

⑲ $2\dfrac{6}{8} + 3\dfrac{7}{8} =$

⑳ $3\dfrac{6}{9} + 2\dfrac{8}{9} =$

분모가 같은 분수의 덧셈 3

분   초
/20

■ 다음 분수를 덧셈하여 대분수로 고치시오.

① $1\dfrac{3}{5} + \dfrac{4}{5} =$

② $3\dfrac{4}{7} + \dfrac{5}{7} =$

③ $2\dfrac{5}{8} + \dfrac{6}{8} =$

④ $\dfrac{5}{6} + 1\dfrac{5}{6} =$

⑤ $\dfrac{6}{8} + 2\dfrac{6}{8} =$

⑥ $\dfrac{6}{9} + 3\dfrac{6}{9} =$

⑦ $2\dfrac{4}{5} + 1\dfrac{4}{5} =$

⑧ $1\dfrac{4}{6} + 2\dfrac{4}{6} =$

⑨ $3\dfrac{5}{8} + 2\dfrac{5}{8} =$

⑩ $1\dfrac{8}{9} + 4\dfrac{7}{9} =$

⑪ $2\dfrac{3}{4} + \dfrac{3}{4} =$

⑫ $1\dfrac{5}{8} + \dfrac{6}{8} =$

⑬ $\dfrac{5}{9} + 3\dfrac{6}{9} =$

⑭ $\dfrac{5}{8} + 2\dfrac{5}{8} =$

⑮ $\dfrac{6}{7} + 4\dfrac{5}{7} =$

⑯ $2\dfrac{3}{4} + 2\dfrac{3}{4} =$

⑰ $1\dfrac{4}{5} + 3\dfrac{3}{5} =$

⑱ $3\dfrac{4}{7} + 2\dfrac{5}{7} =$

⑲ $2\dfrac{6}{9} + 1\dfrac{7}{9} =$

⑳ $3\dfrac{5}{8} + 2\dfrac{6}{8} =$

분모가 같은 분수의 덧셈 3

■ 다음 분수를 덧셈하여 대분수로 고치시오.

① $2\dfrac{2}{4} + \dfrac{3}{4} =$

② $1\dfrac{4}{6} + \dfrac{5}{6} =$

③ $3\dfrac{4}{7} + \dfrac{5}{7} =$

④ $5\dfrac{3}{4} + \dfrac{3}{4} =$

⑤ $\dfrac{2}{3} + 2\dfrac{2}{3} =$

⑥ $\dfrac{4}{5} + 3\dfrac{3}{5} =$

⑦ $\dfrac{6}{8} + 2\dfrac{5}{8} =$

⑧ $3\dfrac{5}{7} + 2\dfrac{6}{7} =$

⑨ $2\dfrac{3}{8} + 1\dfrac{6}{8} =$

⑩ $2\dfrac{4}{9} + 3\dfrac{5}{9} =$

⑪ $3\dfrac{2}{4} + \dfrac{2}{4} =$

⑫ $1\dfrac{4}{5} + \dfrac{3}{5} =$

⑬ $2\dfrac{4}{6} + \dfrac{3}{6} =$

⑭ $\dfrac{4}{5} + 2\dfrac{3}{5} =$

⑮ $\dfrac{5}{6} + 1\dfrac{5}{6} =$

⑯ $\dfrac{4}{7} + 2\dfrac{4}{7} =$

⑰ $2\dfrac{3}{4} + 3\dfrac{2}{4} =$

⑱ $1\dfrac{2}{7} + 3\dfrac{5}{7} =$

⑲ $3\dfrac{4}{6} + 2\dfrac{5}{6} =$

⑳ $2\dfrac{5}{8} + 1\dfrac{5}{8} =$

분모가 같은 분수의 덧셈 3

■ 다음 분수를 덧셈하여 대분수로 고치시오.

① $1\dfrac{4}{5} + \dfrac{3}{5} =$

② $3\dfrac{4}{7} + \dfrac{3}{7} =$

③ $5\dfrac{3}{8} + \dfrac{6}{8} =$

④ $\dfrac{5}{7} + 2\dfrac{4}{7} =$

⑤ $\dfrac{6}{8} + 2\dfrac{5}{8} =$

⑥ $\dfrac{4}{5} + 4\dfrac{3}{5} =$

⑦ $\dfrac{6}{9} + 2\dfrac{5}{9} =$

⑧ $2\dfrac{4}{5} + 1\dfrac{3}{5} =$

⑨ $3\dfrac{5}{7} + 2\dfrac{4}{7} =$

⑩ $1\dfrac{5}{9} + 2\dfrac{5}{9} =$

⑪ $2\dfrac{2}{5} + \dfrac{4}{5} =$

⑫ $3\dfrac{5}{8} + \dfrac{6}{8} =$

⑬ $2\dfrac{5}{7} + \dfrac{3}{7} =$

⑭ $\dfrac{4}{6} + 2\dfrac{5}{6} =$

⑮ $\dfrac{6}{9} + 2\dfrac{4}{9} =$

⑯ $\dfrac{5}{7} + 3\dfrac{6}{7} =$

⑰ $3\dfrac{3}{4} + 1\dfrac{1}{4} =$

⑱ $5\dfrac{3}{6} + 2\dfrac{2}{6} =$

⑲ $4\dfrac{4}{8} + 2\dfrac{5}{8} =$

⑳ $1\dfrac{4}{9} + 2\dfrac{6}{9} =$

분모가 같은 분수의 덧셈 3

분   초
/20

■ 다음 분수를 덧셈하여 대분수로 고치시오.

① $2\dfrac{4}{6} + \dfrac{5}{6} =$

② $3\dfrac{5}{7} + \dfrac{3}{7} =$

③ $1\dfrac{4}{8} + \dfrac{5}{8} =$

④ $\dfrac{2}{9} + 1\dfrac{5}{9} =$

⑤ $\dfrac{3}{4} + 2\dfrac{3}{4} =$

⑥ $\dfrac{4}{5} + 3\dfrac{4}{5} =$

⑦ $2\dfrac{4}{7} + 2\dfrac{4}{7} =$

⑧ $2\dfrac{5}{8} + 3\dfrac{3}{8} =$

⑨ $3\dfrac{4}{6} + 2\dfrac{5}{6} =$

⑩ $2\dfrac{4}{7} + 4\dfrac{5}{7} =$

⑪ $2\dfrac{4}{5} + \dfrac{1}{5} =$

⑫ $3\dfrac{4}{8} + \dfrac{5}{8} =$

⑬ $2\dfrac{5}{7} + \dfrac{3}{7} =$

⑭ $\dfrac{5}{8} + 2\dfrac{4}{8} =$

⑮ $\dfrac{4}{5} + 3\dfrac{2}{5} =$

⑯ $\dfrac{4}{7} + 2\dfrac{5}{7} =$

⑰ $1\dfrac{5}{9} + 3\dfrac{6}{9} =$

⑱ $2\dfrac{4}{6} + 4\dfrac{4}{6} =$

⑲ $2\dfrac{5}{7} + 3\dfrac{3}{7} =$

⑳ $3\dfrac{4}{9} + 2\dfrac{5}{9} =$

분모가 같은 분수의 덧셈 3

분　　　초
/20

■ 다음 분수를 덧셈하여 대분수로 고치시오.

① $2\dfrac{3}{4} + \dfrac{2}{4} =$

② $3\dfrac{4}{6} + \dfrac{3}{6} =$

③ $4\dfrac{3}{7} + \dfrac{4}{7} =$

④ $\dfrac{4}{5} + 2\dfrac{3}{5} =$

⑤ $\dfrac{4}{7} + 2\dfrac{5}{7} =$

⑥ $\dfrac{5}{8} + 3\dfrac{3}{8} =$

⑦ $2\dfrac{2}{9} + 1\dfrac{8}{9} =$

⑧ $4\dfrac{4}{5} + 3\dfrac{3}{5} =$

⑨ $2\dfrac{5}{6} + 1\dfrac{5}{6} =$

⑩ $3\dfrac{5}{8} + 2\dfrac{7}{8} =$

⑪ $2\dfrac{4}{5} + \dfrac{3}{5} =$

⑫ $3\dfrac{4}{7} + \dfrac{5}{7} =$

⑬ $\dfrac{5}{8} + 3\dfrac{6}{8} =$

⑭ $\dfrac{5}{9} + 4\dfrac{6}{9} =$

⑮ $\dfrac{5}{7} + 2\dfrac{3}{7} =$

⑯ $2\dfrac{5}{8} + 2\dfrac{7}{8} =$

⑰ $2\dfrac{5}{9} + 1\dfrac{5}{9} =$

⑱ $3\dfrac{5}{6} + 2\dfrac{4}{6} =$

⑲ $2\dfrac{6}{8} + 3\dfrac{7}{8} =$

⑳ $3\dfrac{4}{9} + 1\dfrac{6}{9} =$

86단계

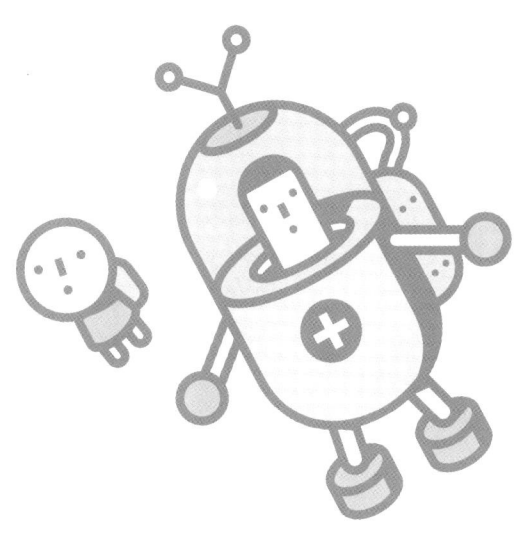

■ 학습 일정 관리표

	공부한 날	정답수	오답수	소요시간	표준완성시간
86-01호				분 초	
86-02호				분 초	
86-03호				분 초	
86-04호				분 초	1,2학년 : 정답중심
86-05호				분 초	
86-06호				분 초	3,4학년 : 5분이내
86-07호				분 초	
86-08호				분 초	5,6학년 : 4분이내
86-09호				분 초	
86-10호				분 초	

이 단계는 대분수와 대분수의 덧셈에서 더한 값이 가분수로 나온 경우,
가분수를 대분수로 고쳐 답을 적는 방법을 공부합니다.

◉ 대분수 + 대분수

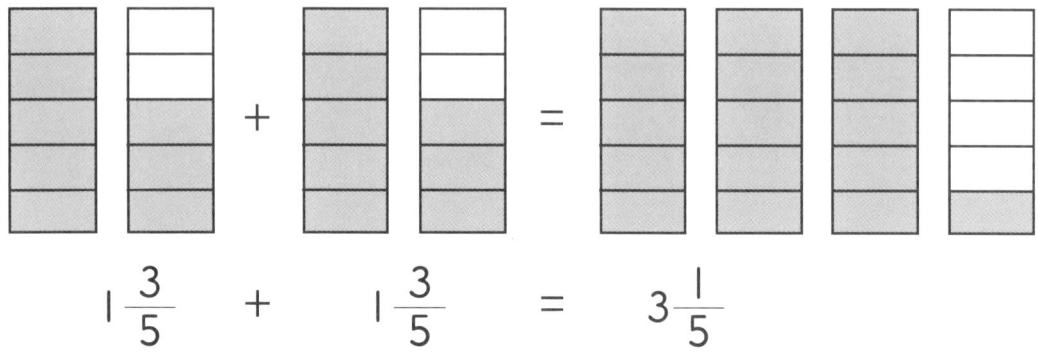

$$1\frac{3}{5} \quad + \quad 1\frac{3}{5} \quad = \quad 3\frac{1}{5}$$

❶ 자연수끼리 더합니다. ($1 + 1 = 2$)

❷ 분수끼리 더합니다. ($\frac{3}{5} + \frac{3}{5} = \frac{6}{5} = 1\frac{1}{5}$)

❸ 자연수끼리 더한 값에 가분수를 대분수로 고친 값을 더합니다. ($2 + 1\frac{1}{5} = 3\frac{1}{5}$)

지도내용 자연수끼리의 덧셈, 분수끼리의 덧셈 후 자연수와 분수의 덧셈에 주의하여 지도해 주세요.

분모가 같은 분수의 덧셈 4

■ 다음 분수를 덧셈하여 대분수로 고치시오.

① $1\dfrac{2}{4} + 2\dfrac{3}{4} =$

② $1\dfrac{5}{7} + 1\dfrac{6}{7} =$

③ $1\dfrac{5}{9} + 3\dfrac{7}{9} =$

④ $2\dfrac{7}{12} + 1\dfrac{8}{12} =$

⑤ $5\dfrac{5}{13} + 1\dfrac{8}{13} =$

⑥ $3\dfrac{11}{17} + 2\dfrac{15}{17} =$

⑦ $2\dfrac{12}{20} + 1\dfrac{8}{20} =$

⑧ $3\dfrac{10}{19} + 2\dfrac{11}{19} =$

⑨ $2\dfrac{12}{18} + 1\dfrac{12}{18} =$

⑩ $3\dfrac{15}{21} + 1\dfrac{7}{21} =$

⑪ $2\dfrac{5}{7} + 1\dfrac{6}{7} =$

⑫ $1\dfrac{6}{10} + 2\dfrac{8}{10} =$

⑬ $1\dfrac{11}{13} + 1\dfrac{12}{13} =$

⑭ $2\dfrac{7}{11} + 1\dfrac{5}{11} =$

⑮ $3\dfrac{9}{15} + 2\dfrac{10}{15} =$

⑯ $2\dfrac{2}{15} + 1\dfrac{7}{15} =$

⑰ $3\dfrac{11}{17} + 1\dfrac{2}{17} =$

⑱ $2\dfrac{12}{20} + 2\dfrac{15}{20} =$

⑲ $4\dfrac{12}{19} + 2\dfrac{15}{19} =$

⑳ $3\dfrac{17}{24} + 3\dfrac{18}{24} =$

분모가 같은 분수의 덧셈 4

■ 다음 분수를 덧셈하여 대분수로 고치시오.

① $2\dfrac{3}{5} + 2\dfrac{4}{5} =$

⑪ $3\dfrac{4}{5} + 2\dfrac{4}{5} =$

② $1\dfrac{4}{6} + 2\dfrac{3}{6} =$

⑫ $2\dfrac{4}{7} + 3\dfrac{6}{7} =$

③ $2\dfrac{3}{8} + 2\dfrac{5}{8} =$

⑬ $2\dfrac{8}{11} + 3\dfrac{10}{11} =$

④ $2\dfrac{8}{12} + 1\dfrac{10}{12} =$

⑭ $2\dfrac{13}{15} + 2\dfrac{14}{15} =$

⑤ $3\dfrac{13}{15} + 2\dfrac{11}{15} =$

⑮ $2\dfrac{14}{17} + 3\dfrac{15}{17} =$

⑥ $2\dfrac{13}{16} + 1\dfrac{14}{16} =$

⑯ $3\dfrac{11}{18} + 4\dfrac{15}{18} =$

⑦ $1\dfrac{15}{19} + 2\dfrac{17}{19} =$

⑰ $2\dfrac{18}{21} + 3\dfrac{19}{21} =$

⑧ $2\dfrac{17}{24} + 3\dfrac{18}{24} =$

⑱ $2\dfrac{24}{25} + 3\dfrac{16}{25} =$

⑨ $3\dfrac{18}{26} + 2\dfrac{19}{26} =$

⑲ $1\dfrac{19}{27} + 2\dfrac{25}{27} =$

⑩ $2\dfrac{23}{27} + 1\dfrac{25}{27} =$

⑳ $3\dfrac{24}{29} + 2\dfrac{25}{29} =$

분모가 같은 분수의 덧셈 4

분   초
/20

■ 다음 분수를 덧셈하여 대분수로 고치시오.

① $2\dfrac{4}{5} + 3\dfrac{4}{5} =$

② $2\dfrac{3}{7} + 2\dfrac{5}{7} =$

③ $1\dfrac{4}{9} + 2\dfrac{6}{9} =$

④ $2\dfrac{11}{13} + 1\dfrac{12}{13} =$

⑤ $3\dfrac{15}{17} + 2\dfrac{14}{17} =$

⑥ $3\dfrac{16}{18} + 2\dfrac{15}{18} =$

⑦ $2\dfrac{20}{23} + 2\dfrac{21}{23} =$

⑧ $1\dfrac{21}{25} + 2\dfrac{24}{25} =$

⑨ $2\dfrac{25}{27} + 1\dfrac{15}{27} =$

⑩ $1\dfrac{27}{29} + 3\dfrac{21}{29} =$

⑪ $4\dfrac{5}{6} + 2\dfrac{3}{6} =$

⑫ $2\dfrac{3}{9} + 3\dfrac{7}{9} =$

⑬ $3\dfrac{8}{11} + 2\dfrac{10}{11} =$

⑭ $2\dfrac{12}{14} + 2\dfrac{11}{14} =$

⑮ $1\dfrac{10}{17} + 2\dfrac{13}{17} =$

⑯ $2\dfrac{10}{19} + 3\dfrac{15}{19} =$

⑰ $3\dfrac{19}{21} + 2\dfrac{7}{21} =$

⑱ $2\dfrac{13}{26} + 2\dfrac{24}{26} =$

⑲ $1\dfrac{19}{25} + 2\dfrac{21}{25} =$

⑳ $2\dfrac{24}{27} + 3\dfrac{26}{27} =$

분모가 같은 분수의 덧셈 4

■ 다음 분수를 덧셈하여 대분수로 고치시오.

① $2\dfrac{3}{4} + 3\dfrac{3}{4} =$

② $1\dfrac{5}{7} + 2\dfrac{6}{7} =$

③ $2\dfrac{6}{8} + 1\dfrac{5}{8} =$

④ $1\dfrac{8}{11} + 2\dfrac{9}{11} =$

⑤ $2\dfrac{13}{15} + 2\dfrac{14}{15} =$

⑥ $3\dfrac{14}{17} + 2\dfrac{15}{17} =$

⑦ $2\dfrac{15}{19} + 3\dfrac{16}{19} =$

⑧ $1\dfrac{21}{24} + 2\dfrac{18}{24} =$

⑨ $3\dfrac{23}{25} + 2\dfrac{17}{25} =$

⑩ $4\dfrac{21}{27} + 1\dfrac{23}{27} =$

⑪ $2\dfrac{5}{8} + 3\dfrac{6}{8} =$

⑫ $3\dfrac{6}{9} + 2\dfrac{7}{9} =$

⑬ $2\dfrac{8}{10} + 1\dfrac{9}{10} =$

⑭ $3\dfrac{4}{12} + 4\dfrac{7}{12} =$

⑮ $3\dfrac{13}{16} + 2\dfrac{14}{16} =$

⑯ $2\dfrac{17}{20} + 1\dfrac{18}{20} =$

⑰ $3\dfrac{21}{25} + 2\dfrac{24}{25} =$

⑱ $2\dfrac{23}{27} + 1\dfrac{26}{27} =$

⑲ $2\dfrac{18}{23} + 1\dfrac{20}{23} =$

⑳ $3\dfrac{23}{26} + 4\dfrac{24}{26} =$

분모가 같은 분수의 덧셈 4

분   초
/20

■ 다음 분수를 덧셈하여 대분수로 고치시오.

① $2\dfrac{3}{5} + 1\dfrac{4}{5} =$

② $3\dfrac{4}{7} + 2\dfrac{4}{7} =$

③ $2\dfrac{8}{10} + 2\dfrac{9}{10} =$

④ $3\dfrac{11}{14} + 2\dfrac{13}{14} =$

⑤ $2\dfrac{12}{17} + 1\dfrac{15}{17} =$

⑥ $2\dfrac{13}{19} + 2\dfrac{15}{19} =$

⑦ $3\dfrac{18}{22} + 2\dfrac{21}{22} =$

⑧ $4\dfrac{23}{25} + 2\dfrac{23}{25} =$

⑨ $3\dfrac{21}{27} + 2\dfrac{21}{27} =$

⑩ $2\dfrac{17}{24} + 1\dfrac{18}{24} =$

⑪ $3\dfrac{5}{8} + 1\dfrac{4}{8} =$

⑫ $4\dfrac{4}{9} + 2\dfrac{6}{9} =$

⑬ $2\dfrac{11}{13} + 3\dfrac{12}{13} =$

⑭ $1\dfrac{10}{15} + 2\dfrac{13}{15} =$

⑮ $3\dfrac{14}{18} + 2\dfrac{15}{18} =$

⑯ $2\dfrac{16}{21} + 3\dfrac{20}{21} =$

⑰ $1\dfrac{18}{24} + 2\dfrac{22}{24} =$

⑱ $2\dfrac{22}{25} + 2\dfrac{22}{25} =$

⑲ $1\dfrac{24}{26} + 2\dfrac{13}{26} =$

⑳ $3\dfrac{18}{27} + 2\dfrac{25}{27} =$

분모가 같은 분수의 덧셈 4

분   초
/20

■ 다음 분수를 덧셈하여 대분수로 고치시오.

① $3\frac{3}{6} + 2\frac{5}{6} =$

⑪ $2\frac{5}{7} + 2\frac{5}{7} =$

② $2\frac{5}{8} + 3\frac{6}{8} =$

⑫ $1\frac{4}{9} + 3\frac{5}{9} =$

③ $2\frac{9}{11} + 1\frac{10}{11} =$

⑬ $2\frac{11}{13} + 3\frac{12}{13} =$

④ $2\frac{12}{14} + 1\frac{10}{14} =$

⑭ $3\frac{11}{15} + 2\frac{12}{15} =$

⑤ $2\frac{15}{17} + 2\frac{13}{17} =$

⑮ $2\frac{17}{19} + 3\frac{15}{19} =$

⑥ $1\frac{17}{20} + 3\frac{19}{20} =$

⑯ $3\frac{17}{21} + 2\frac{18}{21} =$

⑦ $2\frac{21}{24} + 2\frac{21}{24} =$

⑰ $2\frac{20}{23} + 1\frac{21}{23} =$

⑧ $3\frac{25}{27} + 3\frac{15}{27} =$

⑱ $3\frac{23}{25} + 4\frac{24}{25} =$

⑨ $2\frac{13}{26} + 2\frac{13}{26} =$

⑲ $2\frac{15}{29} + 1\frac{17}{29} =$

⑩ $3\frac{21}{28} + 2\frac{24}{28} =$

⑳ $3\frac{23}{27} + 3\frac{23}{27} =$

분모가 같은 분수의 덧셈 4

분   초
/20

■ 다음 분수를 덧셈하여 대분수로 고치시오.

① $2\dfrac{3}{4} + 2\dfrac{3}{4} =$

② $1\dfrac{6}{8} + 2\dfrac{6}{8} =$

③ $2\dfrac{9}{12} + 3\dfrac{9}{12} =$

④ $3\dfrac{11}{15} + 4\dfrac{12}{15} =$

⑤ $2\dfrac{14}{17} + 3\dfrac{15}{17} =$

⑥ $2\dfrac{15}{19} + 1\dfrac{17}{19} =$

⑦ $1\dfrac{21}{23} + 1\dfrac{21}{23} =$

⑧ $2\dfrac{21}{25} + 3\dfrac{17}{25} =$

⑨ $1\dfrac{24}{27} + 3\dfrac{25}{27} =$

⑩ $2\dfrac{17}{28} + 2\dfrac{21}{28} =$

⑪ $3\dfrac{3}{5} + 3\dfrac{3}{5} =$

⑫ $2\dfrac{8}{10} + 2\dfrac{9}{10} =$

⑬ $2\dfrac{9}{11} + 3\dfrac{10}{11} =$

⑭ $3\dfrac{10}{12} + 4\dfrac{10}{12} =$

⑮ $1\dfrac{14}{17} + 2\dfrac{15}{17} =$

⑯ $2\dfrac{17}{20} + 2\dfrac{18}{20} =$

⑰ $3\dfrac{18}{23} + 2\dfrac{20}{23} =$

⑱ $2\dfrac{21}{25} + 3\dfrac{23}{25} =$

⑲ $1\dfrac{22}{24} + 2\dfrac{18}{24} =$

⑳ $2\dfrac{23}{27} + 3\dfrac{20}{27} =$

분모가 같은 분수의 덧셈 4

분   초
/20

■ 다음 분수를 덧셈하여 대분수로 고치시오.

① $1\frac{4}{7} + 2\frac{4}{7} =$

⑪ $3\frac{2}{6} + 2\frac{5}{6} =$

② $2\frac{7}{9} + 1\frac{8}{9} =$

⑫ $2\frac{4}{10} + 3\frac{7}{10} =$

③ $3\frac{11}{13} + 3\frac{11}{13} =$

⑬ $6\frac{13}{14} + 2\frac{13}{14} =$

④ $2\frac{12}{15} + 1\frac{10}{15} =$

⑭ $2\frac{13}{17} + 2\frac{15}{17} =$

⑤ $1\frac{15}{17} + 1\frac{13}{17} =$

⑮ $1\frac{15}{18} + 3\frac{16}{18} =$

⑥ $2\frac{12}{19} + 3\frac{15}{19} =$

⑯ $2\frac{19}{23} + 1\frac{21}{23} =$

⑦ $2\frac{18}{21} + 2\frac{19}{21} =$

⑰ $2\frac{21}{24} + 2\frac{20}{24} =$

⑧ $3\frac{22}{25} + 4\frac{23}{25} =$

⑱ $3\frac{14}{26} + 2\frac{24}{26} =$

⑨ $2\frac{25}{27} + 1\frac{26}{27} =$

⑲ $2\frac{15}{27} + 3\frac{15}{27} =$

⑩ $1\frac{17}{23} + 2\frac{18}{23} =$

⑳ $3\frac{20}{25} + 4\frac{20}{25} =$

■ 다음 분수를 덧셈하여 대분수로 고치시오.

① $1\frac{4}{6} + 2\frac{4}{6} =$

② $3\frac{5}{8} + 2\frac{5}{8} =$

③ $2\frac{9}{12} + 2\frac{11}{12} =$

④ $2\frac{11}{15} + 1\frac{13}{15} =$

⑤ $1\frac{13}{17} + 2\frac{14}{17} =$

⑥ $2\frac{19}{22} + 3\frac{20}{22} =$

⑦ $2\frac{17}{25} + 2\frac{18}{25} =$

⑧ $1\frac{25}{27} + 3\frac{25}{27} =$

⑨ $2\frac{22}{28} + 1\frac{21}{28} =$

⑩ $3\frac{23}{29} + 2\frac{25}{29} =$

⑪ $2\frac{3}{7} + 3\frac{4}{7} =$

⑫ $3\frac{2}{9} + 1\frac{7}{9} =$

⑬ $1\frac{12}{13} + 2\frac{12}{13} =$

⑭ $2\frac{13}{16} + 1\frac{14}{16} =$

⑮ $2\frac{14}{18} + 1\frac{15}{18} =$

⑯ $3\frac{16}{21} + 2\frac{17}{21} =$

⑰ $2\frac{21}{24} + 1\frac{23}{24} =$

⑱ $3\frac{13}{26} + 4\frac{13}{26} =$

⑲ $2\frac{25}{28} + 2\frac{20}{28} =$

⑳ $1\frac{17}{25} + 1\frac{19}{25} =$

분모가 같은 분수의 덧셈 4

■ 다음 분수를 덧셈하여 대분수로 고치시오.

① $2\dfrac{3}{4} + 3\dfrac{2}{4} =$

⑪ $2\dfrac{5}{6} + 3\dfrac{4}{6} =$

② $3\dfrac{6}{7} + 2\dfrac{5}{7} =$

⑫ $3\dfrac{3}{9} + 2\dfrac{8}{9} =$

③ $2\dfrac{11}{13} + 2\dfrac{11}{13} =$

⑬ $2\dfrac{8}{12} + 3\dfrac{9}{12} =$

④ $3\dfrac{12}{14} + 3\dfrac{13}{14} =$

⑭ $2\dfrac{13}{15} + 3\dfrac{14}{15} =$

⑤ $2\dfrac{11}{17} + 2\dfrac{11}{17} =$

⑮ $3\dfrac{12}{16} + 4\dfrac{15}{16} =$

⑥ $2\dfrac{13}{19} + 2\dfrac{15}{19} =$

⑯ $2\dfrac{13}{17} + 2\dfrac{15}{17} =$

⑦ $2\dfrac{23}{24} + 2\dfrac{21}{24} =$

⑰ $2\dfrac{15}{19} + 3\dfrac{16}{19} =$

⑧ $1\dfrac{17}{25} + 2\dfrac{19}{25} =$

⑱ $2\dfrac{18}{23} + 3\dfrac{22}{23} =$

⑨ $2\dfrac{24}{27} + 3\dfrac{25}{27} =$

⑲ $3\dfrac{21}{25} + 2\dfrac{23}{25} =$

⑩ $1\dfrac{24}{29} + 1\dfrac{26}{29} =$

⑳ $2\dfrac{24}{27} + 3\dfrac{25}{27} =$

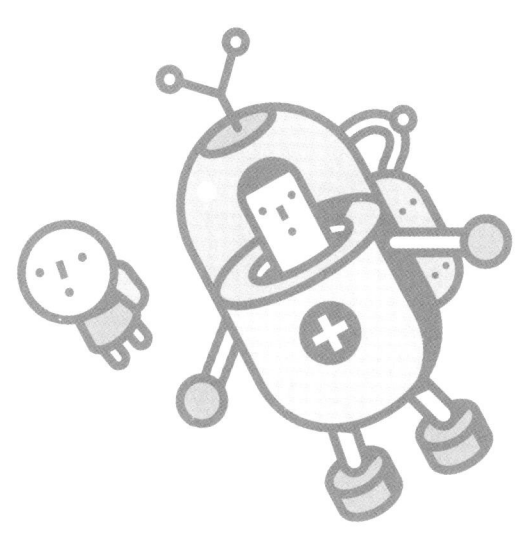

■ 학습 일정 관리표

	공부한 날	정답수	오답수	소요시간	표준완성시간
87-01호				분 초	
87-02호				분 초	
87-03호				분 초	
87-04호				분 초	1,2학년 : 정답중심
87-05호				분 초	
87-06호				분 초	3,4학년 : 5분이내
87-07호				분 초	
87-08호				분 초	5,6학년 : 4분이내
87-09호				분 초	
87-10호				분 초	

87단계 대분수를 가분수로 고쳐서 계산하기

분수의 뺄셈을 하기 위해서는 대분수를 가분수로 고치는 방법을 알아야 합니다.

⊙ 대분수 전체를 가분수로 고치는 방법

$$2\frac{2}{3} = \frac{2\times3}{3} + \frac{2}{3} = \frac{6}{3} + \frac{2}{3} = \frac{8}{3}$$

❶ 자연수 2를 분수의 형태로 고칩니다.
❷ 분수끼리 더합니다.

⊙ 대분수의 일부분만 가분수로 고치는 방법

$$2\frac{2}{3} = 1 + \frac{3}{3} + \frac{2}{3} = 1\frac{5}{3}$$

❶ 자연수 2에서 1을 가져와 분수의 형태로 고칩니다.
❷ 분수끼리 더한 다음 자연수를 더합니다.

이렇게 대분수를 가분수로 고칠 때에는 자연수 부분을 분수로 고친 후 분수 부분과 더합니다.

지도내용 대분수를 가분수로 고칠 때, 자연수 부분 중 1만을 가져와 분수로 고치는 점에 주의하여 지도해 주세요.

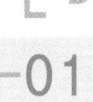
■ 자연수 부분 중 1을 가져와서 가분수로 고치시오.

① $4 = \dfrac{}{5}$

② $7 = \dfrac{}{7}$

③ $3 = \dfrac{}{2}$

④ $3\dfrac{1}{4} =$

⑤ $4\dfrac{2}{5} =$

⑥ $7\dfrac{2}{6} =$

⑦ $3\dfrac{2}{5} =$

⑧ $2\dfrac{2}{8} =$

⑨ $3\dfrac{4}{9} =$

⑩ $2\dfrac{1}{10} =$

⑪ $3\dfrac{11}{12} =$

⑫ $3\dfrac{21}{25} =$

⑬ $5 = \dfrac{}{3}$

⑭ $4 = \dfrac{}{3}$

⑮ $2 = \dfrac{}{6}$

⑯ $4\dfrac{1}{2} =$

⑰ $3\dfrac{3}{7} =$

⑱ $2\dfrac{4}{8} =$

⑲ $1\dfrac{1}{9} =$

⑳ $3\dfrac{5}{7} =$

㉑ $2\dfrac{1}{6} =$

㉒ $1\dfrac{1}{13} =$

㉓ $2\dfrac{11}{18} =$

㉔ $3\dfrac{21}{24} =$

㉕ $4 = \dfrac{}{4}$

㉖ $2 = \dfrac{}{7}$

㉗ $6 = \dfrac{}{8}$

㉘ $2\dfrac{1}{9} =$

㉙ $3\dfrac{2}{7} =$

㉚ $4\dfrac{3}{4} =$

㉛ $2\dfrac{4}{6} =$

㉜ $3\dfrac{7}{8} =$

㉝ $4\dfrac{6}{9} =$

㉞ $2\dfrac{5}{13} =$

㉟ $3\dfrac{17}{25} =$

㊱ $2\dfrac{24}{29} =$

대분수를 가분수로 고쳐서 계산하기

분 초
/36

■ 자연수 부분 중 1을 가져와서 가분수로 고치시오.

① $4 = \dfrac{}{2}$

② $5 = \dfrac{}{4}$

③ $6 = \dfrac{}{5}$

④ $3\dfrac{1}{8} =$

⑤ $2\dfrac{2}{4} =$

⑥ $4\dfrac{3}{8} =$

⑦ $5\dfrac{5}{7} =$

⑧ $6\dfrac{2}{3} =$

⑨ $7\dfrac{1}{2} =$

⑩ $5\dfrac{8}{13} =$

⑪ $2\dfrac{6}{11} =$

⑫ $3\dfrac{13}{18} =$

⑬ $7 = \dfrac{}{3}$

⑭ $3 = \dfrac{}{4}$

⑮ $4 = \dfrac{}{7}$

⑯ $2\dfrac{1}{3} =$

⑰ $3\dfrac{2}{4} =$

⑱ $2\dfrac{2}{6} =$

⑲ $3\dfrac{4}{7} =$

⑳ $4\dfrac{5}{8} =$

㉑ $5\dfrac{1}{2} =$

㉒ $2\dfrac{11}{12} =$

㉓ $3\dfrac{12}{18} =$

㉔ $2\dfrac{21}{24} =$

㉕ $9 = \dfrac{}{8}$

㉖ $5 = \dfrac{}{6}$

㉗ $2 = \dfrac{}{3}$

㉘ $3\dfrac{1}{4} =$

㉙ $2\dfrac{4}{5} =$

㉚ $3\dfrac{7}{8} =$

㉛ $2\dfrac{4}{6} =$

㉜ $2\dfrac{3}{5} =$

㉝ $3\dfrac{3}{4} =$

㉞ $3\dfrac{24}{26} =$

㉟ $2\dfrac{13}{19} =$

㊱ $1\dfrac{11}{20} =$

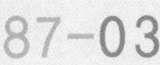 

■ 자연수 부분 중 1을 가져와서 가분수로 고치시오.

① $4 = \dfrac{}{3}$

② $2 = \dfrac{}{4}$

③ $5 = \dfrac{}{2}$

④ $2\dfrac{1}{5} =$

⑤ $3\dfrac{4}{7} =$

⑥ $4\dfrac{2}{3} =$

⑦ $5\dfrac{5}{7} =$

⑧ $3\dfrac{1}{2} =$

⑨ $1\dfrac{4}{6} =$

⑩ $2\dfrac{4}{15} =$

⑪ $3\dfrac{15}{17} =$

⑫ $2\dfrac{18}{24} =$

⑬ $3 = \dfrac{}{5}$

⑭ $6 = \dfrac{}{6}$

⑮ $9 = \dfrac{}{3}$

⑯ $2\dfrac{4}{7} =$

⑰ $1\dfrac{4}{6} =$

⑱ $2\dfrac{4}{5} =$

⑲ $3\dfrac{3}{4} =$

⑳ $2\dfrac{7}{8} =$

㉑ $1\dfrac{1}{3} =$

㉒ $1\dfrac{8}{16} =$

㉓ $2\dfrac{23}{27} =$

㉔ $3\dfrac{11}{19} =$

㉕ $4 = \dfrac{}{7}$

㉖ $2 = \dfrac{}{8}$

㉗ $7 = \dfrac{}{9}$

㉘ $2\dfrac{3}{6} =$

㉙ $1\dfrac{4}{5} =$

㉚ $2\dfrac{3}{4} =$

㉛ $2\dfrac{6}{9} =$

㉜ $1\dfrac{3}{8} =$

㉝ $2\dfrac{2}{3} =$

㉞ $1\dfrac{6}{13} =$

㉟ $2\dfrac{13}{18} =$

㊱ $4\dfrac{22}{25} =$

대분수를 가분수로 고쳐서 계산하기

분   초
/36

■ 자연수 부분 중 1을 가져와서 가분수로 고치시오.

① $4 = \dfrac{\quad}{8}$

② $3 = \dfrac{\quad}{5}$

③ $2 = \dfrac{\quad}{3}$

④ $3\dfrac{2}{7} =$

⑤ $3\dfrac{5}{8} =$

⑥ $2\dfrac{4}{6} =$

⑦ $1\dfrac{5}{9} =$

⑧ $3\dfrac{4}{7} =$

⑨ $2\dfrac{1}{3} =$

⑩ $1\dfrac{7}{15} =$

⑪ $2\dfrac{13}{18} =$

⑫ $3\dfrac{11}{24} =$

⑬ $5 = \dfrac{\quad}{9}$

⑭ $6 = \dfrac{\quad}{4}$

⑮ $7 = \dfrac{\quad}{7}$

⑯ $2\dfrac{2}{5} =$

⑰ $3\dfrac{4}{6} =$

⑱ $2\dfrac{3}{8} =$

⑲ $2\dfrac{4}{5} =$

⑳ $1\dfrac{1}{2} =$

㉑ $3\dfrac{2}{4} =$

㉒ $2\dfrac{13}{17} =$

㉓ $3\dfrac{23}{27} =$

㉔ $1\dfrac{15}{19} =$

㉕ $8 = \dfrac{\quad}{2}$

㉖ $3 = \dfrac{\quad}{5}$

㉗ $4 = \dfrac{\quad}{3}$

㉘ $1\dfrac{1}{4} =$

㉙ $3\dfrac{4}{5} =$

㉚ $2\dfrac{1}{5} =$

㉛ $1\dfrac{6}{9} =$

㉜ $2\dfrac{2}{6} =$

㉝ $3\dfrac{6}{8} =$

㉞ $2\dfrac{6}{11} =$

㉟ $3\dfrac{6}{15} =$

㊱ $3\dfrac{14}{25} =$

대분수를 가분수로 고쳐서 계산하기

분   초
/36

■ 자연수 부분 중 1을 가져와서 가분수로 고치시오.

① 4 = $\dfrac{}{4}$

② 5 = $\dfrac{}{2}$

③ 6 = $\dfrac{}{9}$

④ $2\dfrac{2}{5}$ =

⑤ $3\dfrac{5}{7}$ =

⑥ $2\dfrac{4}{6}$ =

⑦ $3\dfrac{2}{9}$ =

⑧ $1\dfrac{3}{8}$ =

⑨ $2\dfrac{6}{7}$ =

⑩ $3\dfrac{8}{11}$ =

⑪ $2\dfrac{7}{14}$ =

⑫ $1\dfrac{14}{17}$ =

⑬ 2 = $\dfrac{}{6}$

⑭ 4 = $\dfrac{}{7}$

⑮ 6 = $\dfrac{}{8}$

⑯ $1\dfrac{1}{2}$ =

⑰ $3\dfrac{1}{3}$ =

⑱ $2\dfrac{3}{4}$ =

⑲ $3\dfrac{4}{6}$ =

⑳ $5\dfrac{7}{9}$ =

㉑ $3\dfrac{2}{7}$ =

㉒ $2\dfrac{14}{18}$ =

㉓ $3\dfrac{6}{19}$ =

㉔ $2\dfrac{17}{25}$ =

㉕ 3 = $\dfrac{}{2}$

㉖ 7 = $\dfrac{}{4}$

㉗ 5 = $\dfrac{}{3}$

㉘ $2\dfrac{1}{4}$ =

㉙ $3\dfrac{5}{7}$ =

㉚ $1\dfrac{8}{9}$ =

㉛ $2\dfrac{5}{6}$ =

㉜ $1\dfrac{1}{3}$ =

㉝ $2\dfrac{1}{2}$ =

㉞ $3\dfrac{4}{16}$ =

㉟ $2\dfrac{21}{28}$ =

㊱ $3\dfrac{15}{27}$ =

■ 자연수 부분 중 1을 가져와서 가분수로 고치시오.

① $2 = \dfrac{}{3}$

② $4 = \dfrac{}{5}$

③ $7 = \dfrac{}{6}$

④ $2\dfrac{1}{4} =$

⑤ $3\dfrac{3}{6} =$

⑥ $4\dfrac{2}{8} =$

⑦ $3\dfrac{5}{7} =$

⑧ $1\dfrac{1}{6} =$

⑨ $2\dfrac{4}{5} =$

⑩ $1\dfrac{11}{15} =$

⑪ $2\dfrac{13}{17} =$

⑫ $3\dfrac{11}{24} =$

⑬ $3 = \dfrac{}{2}$

⑭ $5 = \dfrac{}{4}$

⑮ $9 = \dfrac{}{3}$

⑯ $1\dfrac{1}{3} =$

⑰ $2\dfrac{3}{5} =$

⑱ $3\dfrac{1}{6} =$

⑲ $2\dfrac{5}{7} =$

⑳ $1\dfrac{5}{6} =$

㉑ $2\dfrac{2}{4} =$

㉒ $2\dfrac{7}{13} =$

㉓ $3\dfrac{23}{25} =$

㉔ $2\dfrac{21}{27} =$

㉕ $6 = \dfrac{}{6}$

㉖ $4 = \dfrac{}{5}$

㉗ $2 = \dfrac{}{4}$

㉘ $2\dfrac{2}{6} =$

㉙ $3\dfrac{1}{5} =$

㉚ $2\dfrac{3}{8} =$

㉛ $2\dfrac{4}{9} =$

㉜ $1\dfrac{1}{3} =$

㉝ $3\dfrac{2}{7} =$

㉞ $1\dfrac{9}{16} =$

㉟ $2\dfrac{17}{23} =$

㊱ $3\dfrac{25}{29} =$

대분수를 가분수로 고쳐서 계산하기

분　　　초
/36

■ 자연수 부분 중 1을 가져와서 가분수로 고치시오.

① $4 = \dfrac{}{2}$

② $5 = \dfrac{}{6}$

③ $2 = \dfrac{}{3}$

④ $3\dfrac{3}{5} =$

⑤ $2\dfrac{4}{7} =$

⑥ $1\dfrac{5}{9} =$

⑦ $2\dfrac{2}{8} =$

⑧ $3\dfrac{7}{9} =$

⑨ $2\dfrac{2}{3} =$

⑩ $3\dfrac{8}{12} =$

⑪ $2\dfrac{11}{15} =$

⑫ $3\dfrac{21}{25} =$

⑬ $3 = \dfrac{}{7}$

⑭ $6 = \dfrac{}{4}$

⑮ $9 = \dfrac{}{9}$

⑯ $1\dfrac{4}{5} =$

⑰ $3\dfrac{6}{7} =$

⑱ $2\dfrac{5}{8} =$

⑲ $1\dfrac{3}{4} =$

⑳ $2\dfrac{1}{9} =$

㉑ $3\dfrac{4}{6} =$

㉒ $1\dfrac{9}{14} =$

㉓ $2\dfrac{17}{19} =$

㉔ $3\dfrac{25}{27} =$

㉕ $4 = \dfrac{}{8}$

㉖ $7 = \dfrac{}{3}$

㉗ $2 = \dfrac{}{5}$

㉘ $3\dfrac{1}{3} =$

㉙ $2\dfrac{2}{5} =$

㉚ $1\dfrac{5}{8} =$

㉛ $2\dfrac{5}{7} =$

㉜ $3\dfrac{5}{9} =$

㉝ $2\dfrac{2}{5} =$

㉞ $3\dfrac{13}{16} =$

㉟ $2\dfrac{23}{25} =$

㊱ $4\dfrac{22}{26} =$

대분수를 가분수로 고쳐서 계산하기

분   초
/36

■ 자연수 부분 중 1을 가져와서 가분수로 고치시오.

① $3 = \dfrac{}{4}$

② $5 = \dfrac{}{3}$

③ $2 = \dfrac{}{6}$

④ $4\dfrac{1}{2} =$

⑤ $2\dfrac{4}{7} =$

⑥ $3\dfrac{2}{6} =$

⑦ $2\dfrac{3}{8} =$

⑧ $1\dfrac{2}{5} =$

⑨ $3\dfrac{2}{3} =$

⑩ $1\dfrac{9}{13} =$

⑪ $2\dfrac{12}{16} =$

⑫ $3\dfrac{14}{25} =$

⑬ $4 = \dfrac{}{8}$

⑭ $7 = \dfrac{}{5}$

⑮ $4 = \dfrac{}{7}$

⑯ $1\dfrac{1}{4} =$

⑰ $3\dfrac{1}{2} =$

⑱ $2\dfrac{2}{7} =$

⑲ $3\dfrac{4}{9} =$

⑳ $2\dfrac{5}{8} =$

㉑ $1\dfrac{5}{7} =$

㉒ $2\dfrac{6}{16} =$

㉓ $3\dfrac{13}{18} =$

㉔ $2\dfrac{23}{27} =$

㉕ $3 = \dfrac{}{6}$

㉖ $6 = \dfrac{}{4}$

㉗ $2 = \dfrac{}{9}$

㉘ $2\dfrac{1}{5} =$

㉙ $3\dfrac{2}{6} =$

㉚ $2\dfrac{4}{7} =$

㉛ $3\dfrac{1}{8} =$

㉜ $2\dfrac{4}{9} =$

㉝ $2\dfrac{2}{4} =$

㉞ $1\dfrac{15}{17} =$

㉟ $2\dfrac{13}{20} =$

㊱ $1\dfrac{25}{28} =$

■ 자연수 부분 중 1을 가져와서 가분수로 고치시오.

① $3 = \dfrac{}{4}$

② $5 = \dfrac{}{5}$

③ $7 = \dfrac{}{2}$

④ $2\dfrac{2}{4} =$

⑤ $3\dfrac{5}{8} =$

⑥ $2\dfrac{4}{7} =$

⑦ $1\dfrac{1}{2} =$

⑧ $3\dfrac{2}{3} =$

⑨ $2\dfrac{2}{9} =$

⑩ $3\dfrac{9}{13} =$

⑪ $2\dfrac{11}{17} =$

⑫ $3\dfrac{19}{23} =$

⑬ $2 = \dfrac{}{7}$

⑭ $5 = \dfrac{}{3}$

⑮ $6 = \dfrac{}{9}$

⑯ $2\dfrac{5}{7} =$

⑰ $3\dfrac{1}{8} =$

⑱ $2\dfrac{7}{9} =$

⑲ $1\dfrac{4}{8} =$

⑳ $2\dfrac{3}{5} =$

㉑ $1\dfrac{4}{6} =$

㉒ $2\dfrac{8}{15} =$

㉓ $3\dfrac{18}{25} =$

㉔ $2\dfrac{27}{29} =$

㉕ $4 = \dfrac{}{8}$

㉖ $3 = \dfrac{}{5}$

㉗ $8 = \dfrac{}{6}$

㉘ $1\dfrac{2}{3} =$

㉙ $2\dfrac{1}{4} =$

㉚ $3\dfrac{4}{6} =$

㉛ $2\dfrac{3}{5} =$

㉜ $1\dfrac{6}{7} =$

㉝ $2\dfrac{5}{8} =$

㉞ $1\dfrac{13}{18} =$

㉟ $2\dfrac{19}{20} =$

㊱ $1\dfrac{21}{28} =$

비타민 D
87-10

대분수를 가분수로 고쳐서 계산하기

분 초
/36

■ 자연수 부분 중 1을 가져와서 가분수로 고치시오.

① $6 = \frac{\quad}{2}$

② $3 = \frac{\quad}{4}$

③ $2 = \frac{\quad}{9}$

④ $1\frac{3}{4} =$

⑤ $2\frac{2}{7} =$

⑥ $3\frac{4}{6} =$

⑦ $2\frac{4}{9} =$

⑧ $3\frac{1}{8} =$

⑨ $2\frac{5}{9} =$

⑩ $1\frac{11}{13} =$

⑪ $2\frac{15}{17} =$

⑫ $3\frac{22}{26} =$

⑬ $5 = \frac{\quad}{6}$

⑭ $4 = \frac{\quad}{3}$

⑮ $5 = \frac{\quad}{7}$

⑯ $2\frac{4}{7} =$

⑰ $3\frac{5}{6} =$

⑱ $2\frac{8}{9} =$

⑲ $1\frac{5}{7} =$

⑳ $2\frac{4}{5} =$

㉑ $1\frac{5}{8} =$

㉒ $2\frac{15}{16} =$

㉓ $3\frac{12}{19} =$

㉔ $4\frac{25}{27} =$

㉕ $2 = \frac{\quad}{4}$

㉖ $7 = \frac{\quad}{5}$

㉗ $3 = \frac{\quad}{3}$

㉘ $2\frac{1}{3} =$

㉙ $3\frac{6}{7} =$

㉚ $4\frac{5}{8} =$

㉛ $3\frac{5}{6} =$

㉜ $2\frac{6}{8} =$

㉝ $3\frac{2}{9} =$

㉞ $1\frac{11}{15} =$

㉟ $2\frac{16}{18} =$

㊱ $2\frac{25}{28} =$

88 단계

교재 번호 : 88:01~88:10

■ 학습 일정 관리표

	공부한 날	정답수	오답수	소요시간	표준완성시간
88-01호				분 초	
88-02호				분 초	
88-03호				분 초	
88-04호				분 초	1,2학년 : 정답중심
88-05호				분 초	
88-06호				분 초	3,4학년 : 5분이내
88-07호				분 초	
88-08호				분 초	5,6학년 : 4분이내
88-09호				분 초	
88-10호				분 초	

<table>
<tr>
<td>

88단계

</td>
<td>

분모가 같은 분수의 뺄셈 2

</td>
</tr>
</table>

대분수를 가분수로 고치는 방법을 이용하여 분수의 뺄셈을 합니다.
이 단계는 자연수에서 진분수를 빼는 방법을 공부합니다.

⊙ 자연수 − 진분수

$$3 - \frac{3}{4} = 2\frac{4}{4} - \frac{3}{4} = 2\frac{1}{4}$$

❶ 자연수에서 1만을 가져와 대분수의 형태로 고칩니다.

$$3 = 2\frac{4}{4}$$

❷ 분수끼리 뺄셈을 하고 자연수 부분을 더합니다.

$$\left(\frac{4}{4} - \frac{3}{4} \right) + 2 = 2\frac{1}{4}$$

이렇게 자연수와 진분수의 뺄셈은 자연수에서 1만을 가져와 분수로 고친 후,
뒤의 진분수와 뺄셈을 하여 자연수 부분을 더합니다.

지도내용 자연수를 대분수로 고칠 때, 자연수에서 1만을 가져와 분수의 형태로 고치는 것에 주의하여
지도해 주세요.

분모가 같은 분수의 뺄셈 2

■ 다음 분수의 뺄셈을 하시오.

① $\dfrac{4}{5} - \dfrac{3}{5} =$

② $\dfrac{12}{13} - \dfrac{4}{13} =$

③ $5 - \dfrac{3}{5} =$

④ $6 - \dfrac{2}{7} =$

⑤ $3 - \dfrac{5}{9} =$

⑥ $2 - \dfrac{7}{8} =$

⑦ $1 - \dfrac{7}{10} =$

⑧ $3 - \dfrac{10}{12} =$

⑨ $2 - \dfrac{9}{15} =$

⑩ $3 - \dfrac{12}{17} =$

⑪ $\dfrac{3}{6} - \dfrac{2}{6} =$

⑫ $\dfrac{12}{15} - \dfrac{3}{15} =$

⑬ $4 - \dfrac{3}{5} =$

⑭ $7 - \dfrac{2}{6} =$

⑮ $5 - \dfrac{5}{9} =$

⑯ $3 - \dfrac{3}{7} =$

⑰ $2 - \dfrac{5}{9} =$

⑱ $1 - \dfrac{13}{17} =$

⑲ $4 - \dfrac{10}{15} =$

⑳ $3 - \dfrac{14}{15} =$

분모가 같은 분수의 뺄셈 2

분　　　초
/20

■ 다음 분수의 뺄셈을 하시오.

① $\dfrac{8}{7} - \dfrac{2}{7} =$

② $\dfrac{10}{12} - \dfrac{8}{12} =$

③ $3 - \dfrac{2}{4} =$

④ $2 - \dfrac{2}{7} =$

⑤ $1 - \dfrac{1}{9} =$

⑥ $2 - \dfrac{5}{8} =$

⑦ $3 - \dfrac{7}{10} =$

⑧ $2 - \dfrac{12}{15} =$

⑨ $3 - \dfrac{15}{17} =$

⑩ $1 - \dfrac{13}{24} =$

⑪ $\dfrac{7}{9} - \dfrac{5}{9} =$

⑫ $\dfrac{7}{11} - \dfrac{2}{11} =$

⑬ $2 - \dfrac{3}{5} =$

⑭ $1 - \dfrac{5}{8} =$

⑮ $2 - \dfrac{3}{10} =$

⑯ $3 - \dfrac{7}{12} =$

⑰ $2 - \dfrac{12}{13} =$

⑱ $1 - \dfrac{17}{20} =$

⑲ $3 - \dfrac{21}{24} =$

⑳ $2 - \dfrac{23}{27} =$

분모가 같은 분수의 뺄셈 2

분   초
/20

■ 다음 분수의 뺄셈을 하시오.

① $\dfrac{6}{7} - \dfrac{2}{7} =$

② $\dfrac{13}{15} - \dfrac{10}{15} =$

③ $3 - \dfrac{2}{5} =$

④ $5 - \dfrac{2}{9} =$

⑤ $3 - \dfrac{4}{7} =$

⑥ $2 - \dfrac{4}{9} =$

⑦ $3 - \dfrac{10}{12} =$

⑧ $2 - \dfrac{12}{15} =$

⑨ $3 - \dfrac{12}{18} =$

⑩ $4 - \dfrac{23}{25} =$

⑪ $\dfrac{5}{8} - \dfrac{3}{8} =$

⑫ $\dfrac{15}{17} - \dfrac{2}{17} =$

⑬ $4 - \dfrac{3}{9} =$

⑭ $2 - \dfrac{4}{8} =$

⑮ $1 - \dfrac{4}{7} =$

⑯ $2 - \dfrac{4}{13} =$

⑰ $3 - \dfrac{12}{15} =$

⑱ $2 - \dfrac{15}{18} =$

⑲ $3 - \dfrac{20}{23} =$

⑳ $2 - \dfrac{25}{27} =$

분모가 같은 분수의 뺄셈 2

분   초
/20

■ 다음 분수의 뺄셈을 하시오.

① $\dfrac{5}{6} - \dfrac{2}{6} =$

⑪ $\dfrac{7}{8} - \dfrac{2}{8} =$

② $\dfrac{13}{15} - \dfrac{7}{15} =$

⑫ $\dfrac{11}{13} - \dfrac{4}{13} =$

③ $4 - \dfrac{5}{6} =$

⑬ $2 - \dfrac{5}{8} =$

④ $2 - \dfrac{3}{7} =$

⑭ $3 - \dfrac{2}{9} =$

⑤ $8 - \dfrac{5}{9} =$

⑮ $2 - \dfrac{10}{11} =$

⑥ $2 - \dfrac{7}{10} =$

⑯ $3 - \dfrac{11}{12} =$

⑦ $3 - \dfrac{7}{13} =$

⑰ $2 - \dfrac{15}{17} =$

⑧ $2 - \dfrac{13}{15} =$

⑱ $2 - \dfrac{18}{20} =$

⑨ $1 - \dfrac{14}{17} =$

⑲ $1 - \dfrac{13}{21} =$

⑩ $2 - \dfrac{19}{23} =$

⑳ $4 - \dfrac{23}{26} =$

분모가 같은 분수의 뺄셈 2

분   초
/20

■ 다음 분수의 뺄셈을 하시오.

① $\dfrac{6}{7} - \dfrac{2}{7} =$

⑪ $\dfrac{7}{8} - \dfrac{3}{8} =$

② $\dfrac{12}{13} - \dfrac{10}{13} =$

⑫ $\dfrac{13}{15} - \dfrac{7}{15} =$

③ $5 - \dfrac{2}{4} =$

⑬ $4 - \dfrac{2}{3} =$

④ $6 - \dfrac{5}{8} =$

⑭ $5 - \dfrac{6}{7} =$

⑤ $7 - \dfrac{1}{2} =$

⑮ $2 - \dfrac{3}{9} =$

⑥ $2 - \dfrac{4}{9} =$

⑯ $3 - \dfrac{11}{13} =$

⑦ $3 - \dfrac{10}{11} =$

⑰ $2 - \dfrac{12}{17} =$

⑧ $2 - \dfrac{7}{13} =$

⑱ $3 - \dfrac{15}{19} =$

⑨ $3 - \dfrac{13}{15} =$

⑲ $2 - \dfrac{20}{21} =$

⑩ $2 - \dfrac{21}{23} =$

⑳ $4 - \dfrac{23}{25} =$

분모가 같은 분수의 뺄셈 2

■ 다음 분수의 뺄셈을 하시오.

① $\dfrac{8}{9} - \dfrac{3}{9} =$

⑪ $\dfrac{8}{10} - \dfrac{7}{10} =$

② $\dfrac{14}{15} - \dfrac{12}{15} =$

⑫ $\dfrac{15}{17} - \dfrac{8}{17} =$

③ $4 - \dfrac{4}{8} =$

⑬ $2 - \dfrac{4}{9} =$

④ $3 - \dfrac{2}{9} =$

⑭ $3 - \dfrac{5}{8} =$

⑤ $2 - \dfrac{5}{7} =$

⑮ $4 - \dfrac{14}{15} =$

⑥ $3 - \dfrac{8}{12} =$

⑯ $3 - \dfrac{5}{17} =$

⑦ $2 - \dfrac{11}{15} =$

⑰ $2 - \dfrac{12}{19} =$

⑧ $3 - \dfrac{17}{19} =$

⑱ $3 - \dfrac{15}{21} =$

⑨ $2 - \dfrac{20}{23} =$

⑲ $4 - \dfrac{21}{25} =$

⑩ $4 - \dfrac{25}{27} =$

⑳ $3 - \dfrac{25}{28} =$

분모가 같은 분수의 뺄셈 2

분   초
/20

■ 다음 분수의 뺄셈을 하시오.

① $\dfrac{7}{8} - \dfrac{3}{8} =$

② $\dfrac{15}{16} - \dfrac{11}{16} =$

③ $3 - \dfrac{2}{5} =$

④ $2 - \dfrac{5}{8} =$

⑤ $4 - \dfrac{3}{7} =$

⑥ $2 - \dfrac{2}{12} =$

⑦ $3 - \dfrac{11}{14} =$

⑧ $2 - \dfrac{13}{15} =$

⑨ $3 - \dfrac{21}{24} =$

⑩ $4 - \dfrac{10}{27} =$

⑪ $\dfrac{5}{7} - \dfrac{3}{7} =$

⑫ $\dfrac{15}{17} - \dfrac{3}{17} =$

⑬ $4 - \dfrac{4}{6} =$

⑭ $3 - \dfrac{2}{9} =$

⑮ $1 - \dfrac{1}{10} =$

⑯ $2 - \dfrac{11}{15} =$

⑰ $3 - \dfrac{11}{14} =$

⑱ $2 - \dfrac{14}{17} =$

⑲ $4 - \dfrac{23}{26} =$

⑳ $1 - \dfrac{1}{28}$

분모가 같은 분수의 뺄셈 2

분   초
/20

■ 다음 분수의 뺄셈을 하시오.

① $\dfrac{7}{10} - \dfrac{2}{10} =$

② $\dfrac{13}{14} - \dfrac{3}{14} =$

③ $5 - \dfrac{1}{4} =$

④ $3 - \dfrac{3}{9} =$

⑤ $3 - \dfrac{5}{7} =$

⑥ $4 - \dfrac{6}{13} =$

⑦ $2 - \dfrac{10}{15} =$

⑧ $3 - \dfrac{13}{16} =$

⑨ $4 - \dfrac{17}{23} =$

⑩ $2 - \dfrac{25}{28} =$

⑪ $\dfrac{8}{9} - \dfrac{2}{9} =$

⑫ $\dfrac{14}{15} - \dfrac{2}{15} =$

⑬ $2 - \dfrac{8}{9} =$

⑭ $1 - \dfrac{5}{6} =$

⑮ $2 - \dfrac{3}{8} =$

⑯ $2 - \dfrac{8}{15} =$

⑰ $3 - \dfrac{13}{17} =$

⑱ $6 - \dfrac{20}{21} =$

⑲ $2 - \dfrac{23}{25} =$

⑳ $3 - \dfrac{17}{29} =$

분모가 같은 분수의 뺄셈 2

분　　　초
/20

■ 다음 분수의 뺄셈을 하시오.

① $\dfrac{7}{8} - \dfrac{3}{8} =$

② $\dfrac{6}{17} - \dfrac{2}{17} =$

③ $3 - \dfrac{2}{9} =$

④ $2 - \dfrac{5}{7} =$

⑤ $3 - \dfrac{2}{11} =$

⑥ $2 - \dfrac{13}{19} =$

⑦ $3 - \dfrac{17}{21} =$

⑧ $2 - \dfrac{20}{24} =$

⑨ $3 - \dfrac{16}{25} =$

⑩ $2 - \dfrac{21}{27} =$

⑪ $\dfrac{7}{9} - \dfrac{1}{9} =$

⑫ $\dfrac{17}{22} - \dfrac{10}{22} =$

⑬ $5 - \dfrac{5}{8} =$

⑭ $3 - \dfrac{2}{9} =$

⑮ $2 - \dfrac{8}{13} =$

⑯ $3 - \dfrac{11}{15} =$

⑰ $4 - \dfrac{5}{18} =$

⑱ $5 - \dfrac{11}{23} =$

⑲ $3 - \dfrac{21}{26} =$

⑳ $2 - \dfrac{23}{28} =$

분모가 같은 분수의 뺄셈 2

분   초
/20

■ 다음 분수의 뺄셈을 하시오.

① $\dfrac{8}{10} - \dfrac{2}{10} =$

② $\dfrac{14}{16} - \dfrac{4}{16} =$

③ $4 - \dfrac{4}{5} =$

④ $2 - \dfrac{7}{9} =$

⑤ $3 - \dfrac{4}{12} =$

⑥ $2 - \dfrac{12}{14} =$

⑦ $3 - \dfrac{17}{18} =$

⑧ $2 - \dfrac{16}{23} =$

⑨ $3 - \dfrac{19}{25} =$

⑩ $2 - \dfrac{24}{27} =$

⑪ $\dfrac{10}{12} - \dfrac{4}{12} =$

⑫ $\dfrac{15}{17} - \dfrac{3}{17} =$

⑬ $3 - \dfrac{3}{4} =$

⑭ $5 - \dfrac{3}{7} =$

⑮ $2 - \dfrac{11}{13} =$

⑯ $3 - \dfrac{12}{15} =$

⑰ $2 - \dfrac{8}{19} =$

⑱ $2 - \dfrac{17}{24} =$

⑲ $3 - \dfrac{21}{26} =$

⑳ $4 - \dfrac{25}{28} =$

89 단계

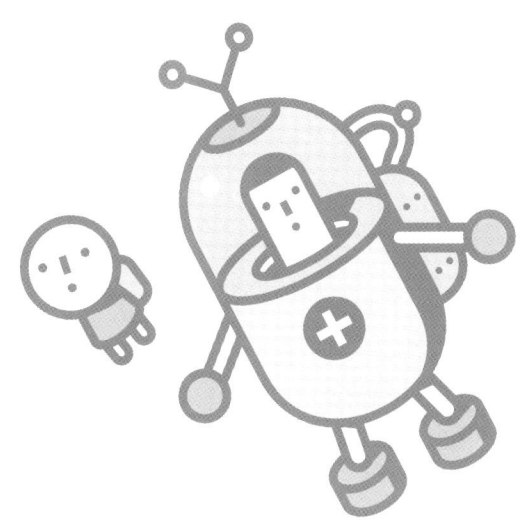

■ 학습 일정 관리표

	공부한 날	정답수	오답수	소요시간	표준완성시간
89-01호				분 초	
89-02호				분 초	
89-03호				분 초	
89-04호				분 초	1,2학년 : 정답중심
89-05호				분 초	
89-06호				분 초	3,4학년 : 5분이내
89-07호				분 초	
89-08호				분 초	5,6학년 : 4분이내
89-09호				분 초	
89-10호				분 초	

이 단계는 대분수를 가분수로 고치는 방법을 이용하여 대분수와 진분수의 뺄셈을 공부합니다.

⊙ **대분수 − 진분수**

$$4\frac{1}{5} - \frac{4}{5} = 3\frac{6}{5} - \frac{4}{5} = 3\frac{2}{5}$$

❶ $\frac{1}{5}$ 에서 $\frac{4}{5}$ 를 뺄 수 없으므로 $4\frac{1}{5}$ 의 자연수부분 4에서 1을 가져와 $3\frac{6}{5}$ 으로 만들어 줍니다.

❷ 분수끼리 뺄셈을 합니다. ($\frac{6}{5} - \frac{4}{5} = \frac{2}{5}$)

❸ 자연수 부분과 분수 부분을 더합니다. ($3 + \frac{2}{5} = 3\frac{2}{5}$)

이렇게 대분수와 진분수의 뺄셈에서 대분수의 분수 부분이 뒤의 분수보다 작을 경우, 자연수 부분에서 1을 가져와 가분수로 만든 후 뒤의 분수를 뺍니다.

진분수 부분끼리 뺄 수 없는 경우, 자연수 부분에서 1을 가져와 계산합니다.

지도내용 자연수를 분수로 바꾸는 과정에서 자연수 부분 중 1만을 가져와 가분수의 형태로 바꾸는 것에 주의하여 지도해 주세요.

분모가 같은 분수의 뺄셈 3

■ 다음 분수의 뺄셈을 하시오.

① $5\dfrac{3}{4} - \dfrac{1}{4} =$

② $2\dfrac{5}{6} - \dfrac{5}{6} =$

③ $3\dfrac{4}{7} - \dfrac{6}{7} =$

④ $2\dfrac{5}{8} - \dfrac{3}{8} =$

⑤ $2\dfrac{2}{9} - \dfrac{7}{9} =$

⑥ $3\dfrac{2}{6} - \dfrac{4}{6} =$

⑦ $2\dfrac{2}{7} - \dfrac{6}{7} =$

⑧ $3\dfrac{7}{10} - \dfrac{3}{10} =$

⑨ $2\dfrac{3}{11} - \dfrac{7}{11} =$

⑩ $3\dfrac{11}{15} - \dfrac{8}{15} =$

⑪ $3\dfrac{4}{5} - \dfrac{2}{5} =$

⑫ $2\dfrac{4}{7} - \dfrac{2}{7} =$

⑬ $1\dfrac{8}{9} - \dfrac{5}{9} =$

⑭ $3\dfrac{2}{7} - \dfrac{6}{7} =$

⑮ $2\dfrac{5}{8} - \dfrac{6}{8} =$

⑯ $3\dfrac{7}{9} - \dfrac{3}{9} =$

⑰ $2\dfrac{10}{12} - \dfrac{2}{12} =$

⑱ $1\dfrac{2}{10} - \dfrac{8}{10} =$

⑲ $2\dfrac{12}{13} - \dfrac{10}{13} =$

⑳ $4\dfrac{8}{11} - \dfrac{10}{11} =$

분모가 같은 분수의 뺄셈 3

분   초
/20

■ 다음 분수의 뺄셈을 하시오.

① $3\dfrac{3}{6} - \dfrac{2}{6} =$

② $1\dfrac{2}{7} - \dfrac{5}{7} =$

③ $3\dfrac{3}{8} - \dfrac{7}{8} =$

④ $2\dfrac{1}{9} - \dfrac{5}{9} =$

⑤ $4\dfrac{6}{7} - \dfrac{5}{7} =$

⑥ $3\dfrac{7}{10} - \dfrac{8}{10} =$

⑦ $2\dfrac{3}{11} - \dfrac{8}{11} =$

⑧ $3\dfrac{10}{13} - \dfrac{11}{13} =$

⑨ $3\dfrac{13}{15} - \dfrac{12}{15} =$

⑩ $2\dfrac{17}{21} - \dfrac{20}{21} =$

⑪ $2\dfrac{5}{8} - \dfrac{7}{8} =$

⑫ $3\dfrac{2}{5} - \dfrac{3}{5} =$

⑬ $2\dfrac{6}{7} - \dfrac{2}{7} =$

⑭ $3\dfrac{3}{4} - \dfrac{3}{4} =$

⑮ $2\dfrac{1}{9} - \dfrac{8}{9} =$

⑯ $2\dfrac{10}{11} - \dfrac{8}{11} =$

⑰ $2\dfrac{2}{13} - \dfrac{9}{13} =$

⑱ $3\dfrac{12}{16} - \dfrac{14}{16} =$

⑲ $2\dfrac{10}{19} - \dfrac{17}{19} =$

⑳ $3\dfrac{10}{24} - \dfrac{22}{24} =$

분모가 같은 분수의 뺄셈 3

■ 다음 분수의 뺄셈을 하시오.

① $3\dfrac{2}{4} - \dfrac{3}{4} =$

② $2\dfrac{4}{5} - \dfrac{3}{5} =$

③ $1\dfrac{3}{7} - \dfrac{5}{7} =$

④ $2\dfrac{4}{8} - \dfrac{5}{8} =$

⑤ $3\dfrac{8}{10} - \dfrac{9}{10} =$

⑥ $2\dfrac{12}{17} - \dfrac{15}{17} =$

⑦ $3\dfrac{12}{13} - \dfrac{11}{13} =$

⑧ $2\dfrac{15}{21} - \dfrac{17}{21} =$

⑨ $3\dfrac{5}{24} - \dfrac{15}{24} =$

⑩ $2\dfrac{10}{23} - \dfrac{17}{23} =$

⑪ $4\dfrac{2}{5} - \dfrac{3}{5} =$

⑫ $2\dfrac{5}{7} - \dfrac{4}{7} =$

⑬ $3\dfrac{2}{9} - \dfrac{5}{9} =$

⑭ $1\dfrac{7}{8} - \dfrac{6}{8} =$

⑮ $2\dfrac{2}{11} - \dfrac{10}{11} =$

⑯ $2\dfrac{11}{15} - \dfrac{14}{15} =$

⑰ $2\dfrac{10}{17} - \dfrac{15}{17} =$

⑱ $3\dfrac{7}{20} - \dfrac{17}{20} =$

⑲ $2\dfrac{17}{23} - \dfrac{10}{23} =$

⑳ $3\dfrac{7}{25} - \dfrac{17}{25} =$

분모가 같은 분수의 뺄셈 3

■ 다음 분수의 뺄셈을 하시오.

① $3\dfrac{2}{3} - \dfrac{1}{3} =$

② $2\dfrac{2}{7} - \dfrac{5}{7} =$

③ $3\dfrac{4}{6} - \dfrac{5}{6} =$

④ $2\dfrac{3}{9} - \dfrac{7}{9} =$

⑤ $2\dfrac{5}{8} - \dfrac{6}{8} =$

⑥ $2\dfrac{7}{12} - \dfrac{10}{12} =$

⑦ $3\dfrac{11}{14} - \dfrac{12}{14} =$

⑧ $2\dfrac{10}{15} - \dfrac{11}{15} =$

⑨ $3\dfrac{15}{17} - \dfrac{16}{17} =$

⑩ $4\dfrac{13}{21} - \dfrac{17}{21} =$

⑪ $4\dfrac{5}{6} - \dfrac{2}{6} =$

⑫ $3\dfrac{3}{8} - \dfrac{5}{8} =$

⑬ $2\dfrac{5}{7} - \dfrac{4}{7} =$

⑭ $3\dfrac{2}{9} - \dfrac{7}{9} =$

⑮ $2\dfrac{7}{10} - \dfrac{8}{10} =$

⑯ $3\dfrac{12}{13} - \dfrac{11}{13} =$

⑰ $2\dfrac{10}{16} - \dfrac{13}{16} =$

⑱ $3\dfrac{11}{19} - \dfrac{14}{19} =$

⑲ $2\dfrac{5}{20} - \dfrac{15}{20} =$

⑳ $3\dfrac{15}{24} - \dfrac{23}{24} =$

분모가 같은 분수의 뺄셈 3

■ 다음 분수의 뺄셈을 하시오.

① $3\dfrac{2}{5} - \dfrac{4}{5} =$

⑪ $4\dfrac{2}{6} - \dfrac{5}{6} =$

② $2\dfrac{2}{8} - \dfrac{6}{8} =$

⑫ $3\dfrac{2}{4} - \dfrac{3}{4} =$

③ $1\dfrac{3}{7} - \dfrac{5}{7} =$

⑬ $2\dfrac{4}{8} - \dfrac{5}{8} =$

④ $2\dfrac{3}{9} - \dfrac{6}{9} =$

⑭ $1\dfrac{5}{9} - \dfrac{7}{9} =$

⑤ $3\dfrac{2}{10} - \dfrac{7}{10} =$

⑮ $2\dfrac{8}{11} - \dfrac{10}{11} =$

⑥ $2\dfrac{10}{14} - \dfrac{13}{14} =$

⑯ $2\dfrac{10}{13} - \dfrac{11}{13} =$

⑦ $2\dfrac{7}{15} - \dfrac{10}{15} =$

⑰ $2\dfrac{2}{15} - \dfrac{11}{15} =$

⑧ $3\dfrac{8}{17} - \dfrac{15}{17} =$

⑱ $2\dfrac{10}{18} - \dfrac{13}{18} =$

⑨ $2\dfrac{15}{21} - \dfrac{18}{21} =$

⑲ $3\dfrac{14}{16} - \dfrac{13}{16} =$

⑩ $1\dfrac{16}{25} - \dfrac{24}{25} =$

⑳ $2\dfrac{15}{24} - \dfrac{20}{24} =$

분모가 같은 분수의 뺄셈 3

■ 다음 분수의 뺄셈을 하시오.

① $2\dfrac{1}{7} - \dfrac{5}{7} =$

② $3\dfrac{3}{9} - \dfrac{5}{9} =$

③ $2\dfrac{4}{8} - \dfrac{5}{8} =$

④ $2\dfrac{2}{7} - \dfrac{4}{7} =$

⑤ $2\dfrac{2}{12} - \dfrac{10}{12} =$

⑥ $2\dfrac{7}{13} - \dfrac{10}{13} =$

⑦ $3\dfrac{11}{15} - \dfrac{13}{15} =$

⑧ $2\dfrac{7}{19} - \dfrac{13}{19} =$

⑨ $2\dfrac{7}{21} - \dfrac{17}{21} =$

⑩ $2\dfrac{14}{24} - \dfrac{21}{24} =$

⑪ $3\dfrac{3}{4} - \dfrac{2}{4} =$

⑫ $2\dfrac{2}{6} - \dfrac{4}{6} =$

⑬ $3\dfrac{3}{9} - \dfrac{7}{9} =$

⑭ $2\dfrac{3}{10} - \dfrac{7}{10} =$

⑮ $3\dfrac{12}{14} - \dfrac{13}{14} =$

⑯ $3\dfrac{10}{16} - \dfrac{11}{16} =$

⑰ $2\dfrac{13}{18} - \dfrac{17}{18} =$

⑱ $2\dfrac{15}{22} - \dfrac{21}{22} =$

⑲ $2\dfrac{17}{25} - \dfrac{21}{25} =$

⑳ $3\dfrac{18}{27} - \dfrac{25}{27} =$

분모가 같은 분수의 뺄셈 3

분　　　초
/20

■ 다음 분수의 뺄셈을 하시오.

① $2\dfrac{2}{6} - \dfrac{5}{6} =$

② $1\dfrac{3}{8} - \dfrac{6}{8} =$

③ $2\dfrac{4}{9} - \dfrac{5}{9} =$

④ $3\dfrac{4}{7} - \dfrac{3}{7} =$

⑤ $2\dfrac{7}{11} - \dfrac{10}{11} =$

⑥ $3\dfrac{11}{13} - \dfrac{12}{13} =$

⑦ $2\dfrac{7}{15} - \dfrac{13}{15} =$

⑧ $2\dfrac{9}{19} - \dfrac{17}{19} =$

⑨ $3\dfrac{10}{17} - \dfrac{16}{17} =$

⑩ $2\dfrac{11}{23} - \dfrac{21}{23}$

⑪ $3\dfrac{5}{7} - \dfrac{6}{7} =$

⑫ $2\dfrac{4}{9} - \dfrac{6}{9} =$

⑬ $1\dfrac{5}{8} - \dfrac{7}{8} =$

⑭ $2\dfrac{7}{10} - \dfrac{9}{10} =$

⑮ $3\dfrac{10}{12} - \dfrac{8}{12} =$

⑯ $2\dfrac{7}{13} - \dfrac{10}{13} =$

⑰ $2\dfrac{8}{16} - \dfrac{12}{16} =$

⑱ $2\dfrac{10}{18} - \dfrac{15}{18} =$

⑲ $3\dfrac{17}{22} - \dfrac{21}{22} =$

⑳ $2\dfrac{5}{25} - \dfrac{24}{25}$

분모가 같은 분수의 뺄셈 3

분 　 초
/20

■ 다음 분수의 뺄셈을 하시오.

① $2\dfrac{5}{7} - \dfrac{4}{7} =$

② $1\dfrac{2}{9} - \dfrac{7}{9} =$

③ $2\dfrac{3}{7} - \dfrac{4}{7} =$

④ $1\dfrac{5}{8} - \dfrac{6}{8} =$

⑤ $2\dfrac{7}{10} - \dfrac{9}{10} =$

⑥ $3\dfrac{8}{12} - \dfrac{9}{12} =$

⑦ $2\dfrac{10}{17} - \dfrac{15}{17} =$

⑧ $3\dfrac{4}{19} - \dfrac{13}{19} =$

⑨ $2\dfrac{15}{21} - \dfrac{17}{21} =$

⑩ $3\dfrac{10}{23} - \dfrac{22}{23} =$

⑪ $2\dfrac{3}{4} - \dfrac{1}{4} =$

⑫ $3\dfrac{2}{5} - \dfrac{4}{5} =$

⑬ $2\dfrac{3}{9} - \dfrac{6}{9} =$

⑭ $2\dfrac{4}{8} - \dfrac{7}{8} =$

⑮ $2\dfrac{7}{13} - \dfrac{10}{13} =$

⑯ $3\dfrac{8}{15} - \dfrac{10}{15} =$

⑰ $4\dfrac{10}{17} - \dfrac{16}{17} =$

⑱ $3\dfrac{17}{22} - \dfrac{19}{22} =$

⑲ $2\dfrac{11}{25} - \dfrac{15}{25} =$

⑳ $3\dfrac{12}{27} - \dfrac{25}{27} =$

분모가 같은 분수의 뺄셈 3

분　　　초
/20

■ 다음 분수의 뺄셈을 하시오.

① $2\dfrac{2}{5} - \dfrac{4}{5} =$

② $3\dfrac{3}{7} - \dfrac{5}{7} =$

③ $2\dfrac{5}{8} - \dfrac{6}{8} =$

④ $2\dfrac{2}{9} - \dfrac{7}{9} =$

⑤ $3\dfrac{4}{11} - \dfrac{8}{11} =$

⑥ $2\dfrac{11}{13} - \dfrac{12}{13} =$

⑦ $3\dfrac{10}{15} - \dfrac{13}{15} =$

⑧ $2\dfrac{17}{18} - \dfrac{15}{18} =$

⑨ $2\dfrac{15}{23} - \dfrac{21}{23} =$

⑩ $3\dfrac{17}{27} - \dfrac{20}{27} =$

⑪ $3\dfrac{1}{4} - \dfrac{3}{4} =$

⑫ $2\dfrac{3}{6} - \dfrac{3}{6} =$

⑬ $3\dfrac{4}{7} - \dfrac{6}{7} =$

⑭ $2\dfrac{5}{10} - \dfrac{6}{10} =$

⑮ $3\dfrac{10}{12} - \dfrac{11}{12} =$

⑯ $2\dfrac{7}{14} - \dfrac{8}{14} =$

⑰ $4\dfrac{10}{17} - \dfrac{15}{17} =$

⑱ $2\dfrac{16}{19} - \dfrac{18}{19} =$

⑲ $3\dfrac{15}{24} - \dfrac{21}{24} =$

⑳ $2\dfrac{16}{26} - \dfrac{18}{26} =$

분모가 같은 분수의 뺄셈 3

■ 다음 분수의 뺄셈을 하시오.

① $3\dfrac{4}{8} - \dfrac{4}{8} =$

② $2\dfrac{5}{7} - \dfrac{6}{7} =$

③ $1\dfrac{1}{5} - \dfrac{4}{5} =$

④ $1\dfrac{2}{9} - \dfrac{5}{9} =$

⑤ $2\dfrac{5}{12} - \dfrac{7}{12} =$

⑥ $3\dfrac{12}{15} - \dfrac{13}{15} =$

⑦ $2\dfrac{10}{17} - \dfrac{11}{17} =$

⑧ $1\dfrac{15}{19} - \dfrac{13}{19} =$

⑨ $2\dfrac{5}{23} - \dfrac{17}{23} =$

⑩ $3\dfrac{17}{25} - \dfrac{23}{25} =$

⑪ $2\dfrac{2}{6} - \dfrac{5}{6} =$

⑫ $1\dfrac{2}{9} - \dfrac{8}{9} =$

⑬ $2\dfrac{2}{7} - \dfrac{5}{7} =$

⑭ $1\dfrac{8}{10} - \dfrac{6}{10} =$

⑮ $2\dfrac{7}{13} - \dfrac{11}{13} =$

⑯ $3\dfrac{16}{19} - \dfrac{18}{19} =$

⑰ $2\dfrac{15}{20} - \dfrac{17}{20} =$

⑱ $1\dfrac{11}{23} - \dfrac{19}{23} =$

⑲ $2\dfrac{12}{24} - \dfrac{21}{24} =$

⑳ $3\dfrac{11}{27} - \dfrac{25}{27} =$

90단계

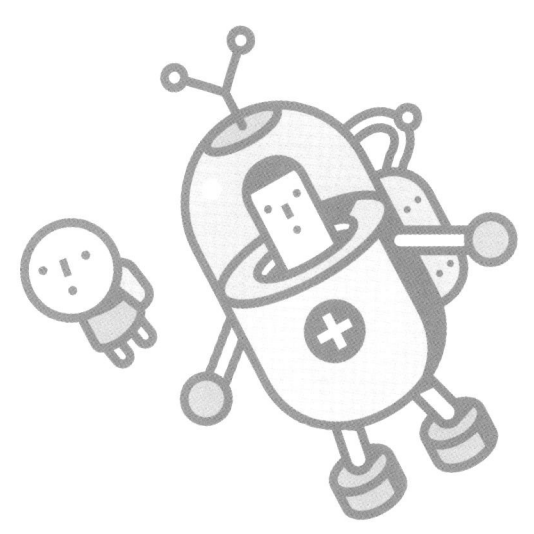

■ 학습 일정 관리표

	공부한 날	정답수	오답수	소요시간	표준완성시간
90-01호				분 초	
90-02호				분 초	
90-03호				분 초	
90-04호				분 초	1,2학년 : 정답중심
90-05호				분 초	
90-06호				분 초	3,4학년 : 5분이내
90-07호				분 초	
90-08호				분 초	5,6학년 : 4분이내
90-09호				분 초	
90-10호				분 초	

분모가 같은 분수의 뺄셈 4

⊙ 대분수 − 대분수(진분수 부분끼리 뺄 수 있는 경우)

$$3\frac{4}{5} - 1\frac{2}{5} = (3-1) + \left(\frac{4}{5} - \frac{2}{5}\right) = 2\frac{2}{5}$$

❶ 자연수 부분끼리 먼저 계산하고,
❷ 진분수 부분끼리 계산한 후 자연수 부분과 분수 부분을 더합니다.

⊙ 대분수 − 대분수(진분수 부분끼리 뺄 수 없는 경우)

$$4\frac{1}{3} - 2\frac{2}{3} = 3\frac{4}{3} - 2\frac{2}{3} = (3-2) + \left(\frac{4}{3} - \frac{2}{3}\right) = 1\frac{2}{3}$$

❶ 앞에 있는 분수에서 자연수부분 중 1을 가져와 가분수로 만들고, $\left(4\frac{1}{3} = 3\frac{4}{3}\right)$
❷ 자연수는 자연수끼리, 분수는 분수끼리 뺄셈을 하여 덧셈을 합니다.

이렇게 대분수와 대분수의 뺄셈에서 앞에 있는 대분수의 분수 부분이 뒤에 있는
대분수의 분수 부분보다 작은 경우, 자연수 부분에서 1을 가져와 가분수로 고친
후, 뒤에 있는 분수를 뺍니다.

지도내용   대분수와 대분수의 뺄셈에서 앞 부분의 분수만 가분수로 고쳐, 뒤에 있는 분수를 빼는
점에 주의하여 지도해 주세요. 자연수끼리, 분수끼리의 뺄셈에 주의하여 지도해 주세요.

분모가 같은 분수의 뺄셈 4

분   초
/20

■ 다음 분수의 뺄셈을 하시오.

① $3\frac{11}{12} - 1\frac{7}{12} =$

② $2\frac{7}{15} - 1\frac{12}{15} =$

③ $3\frac{13}{17} - 1\frac{14}{17} =$

④ $2\frac{12}{19} - 1\frac{7}{19} =$

⑤ $4\frac{2}{10} - 2\frac{2}{10} =$

⑥ $2\frac{12}{15} - 1\frac{7}{15} =$

⑦ $3\frac{3}{17} - 1\frac{15}{17} =$

⑧ $2\frac{5}{20} - 1\frac{7}{20} =$

⑨ $3\frac{17}{24} - 1\frac{18}{24} =$

⑩ $4\frac{17}{25} - 2\frac{21}{25} =$

⑪ $4\frac{12}{15} - 1\frac{10}{15} =$

⑫ $2\frac{10}{18} - 1\frac{11}{18} =$

⑬ $3\frac{17}{19} - 1\frac{10}{19} =$

⑭ $2\frac{14}{21} - 1\frac{20}{21} =$

⑮ $3\frac{17}{14} - 1\frac{18}{14} =$

⑯ $3\frac{15}{17} - 1\frac{16}{17} =$

⑰ $2\frac{18}{19} - 1\frac{17}{19} =$

⑱ $3\frac{11}{24} - 1\frac{21}{24} =$

⑲ $2\frac{7}{25} - 1\frac{17}{25} =$

⑳ $4\frac{17}{27} - 2\frac{21}{27} =$

분모가 같은 분수의 뺄셈 4

분   초
/20

■ 다음 분수의 뺄셈을 하시오.

① $2\frac{7}{10} - 1\frac{9}{10} =$

② $3\frac{3}{12} - 1\frac{10}{12} =$

③ $2\frac{11}{14} - 1\frac{13}{14} =$

④ $3\frac{10}{17} - 1\frac{13}{17} =$

⑤ $2\frac{10}{12} - 1\frac{2}{12} =$

⑥ $3\frac{7}{15} - 1\frac{10}{15} =$

⑦ $2\frac{8}{16} - 1\frac{10}{16} =$

⑧ $3\frac{10}{19} - 1\frac{17}{19} =$

⑨ $3\frac{10}{21} - 2\frac{17}{21} =$

⑩ $4\frac{11}{23} - 2\frac{15}{23} =$

⑪ $3\frac{10}{11} - 1\frac{7}{11} =$

⑫ $2\frac{2}{14} - 1\frac{10}{14} =$

⑬ $3\frac{2}{19} - 1\frac{17}{19} =$

⑭ $2\frac{13}{20} - 1\frac{16}{20} =$

⑮ $3\frac{10}{13} - 1\frac{12}{13} =$

⑯ $2\frac{7}{11} - 1\frac{3}{11} =$

⑰ $4\frac{12}{17} - 1\frac{15}{17} =$

⑱ $5\frac{7}{19} - 3\frac{10}{19} =$

⑲ $3\frac{17}{24} - 2\frac{20}{24} =$

⑳ $4\frac{8}{22} - 2\frac{17}{22} =$

분모가 같은 분수의 뺄셈 4

분   초

/20

■ 다음 분수의 뺄셈을 하시오.

① $2\frac{7}{11} - 1\frac{8}{11} =$

② $3\frac{10}{13} - 1\frac{12}{13} =$

③ $2\frac{8}{12} - 1\frac{11}{12} =$

④ $2\frac{10}{15} - 1\frac{14}{15} =$

⑤ $2\frac{8}{10} - 1\frac{7}{10} =$

⑥ $3\frac{9}{12} - 2\frac{10}{12} =$

⑦ $2\frac{1}{14} - 1\frac{5}{14} =$

⑧ $4\frac{12}{19} - 1\frac{15}{19} =$

⑨ $3\frac{11}{21} - 1\frac{10}{21} =$

⑩ $2\frac{7}{24} - 1\frac{3}{24} =$

⑪ $3\frac{4}{10} - 1\frac{7}{10} =$

⑫ $4\frac{5}{12} - 1\frac{7}{12} =$

⑬ $2\frac{7}{14} - 1\frac{11}{14} =$

⑭ $3\frac{5}{11} - 2\frac{6}{11} =$

⑮ $2\frac{12}{13} - 1\frac{5}{13} =$

⑯ $4\frac{15}{17} - 2\frac{13}{17} =$

⑰ $2\frac{7}{18} - 1\frac{10}{18} =$

⑱ $3\frac{17}{23} - 2\frac{19}{23} =$

⑲ $4\frac{15}{25} - 2\frac{23}{25} =$

⑳ $3\frac{8}{27} - 1\frac{17}{27} =$

분모가 같은 분수의 뺄셈 4

■ 다음 분수의 뺄셈을 하시오.

① $3\dfrac{7}{11} - 1\dfrac{10}{11} =$

⑪ $4\dfrac{5}{13} - 1\dfrac{11}{13} =$

② $2\dfrac{6}{12} - 1\dfrac{11}{12} =$

⑫ $3\dfrac{11}{14} - 1\dfrac{7}{14} =$

③ $3\dfrac{11}{15} - 1\dfrac{14}{15} =$

⑬ $2\dfrac{14}{17} - 1\dfrac{13}{17} =$

④ $2\dfrac{5}{17} - 1\dfrac{15}{17} =$

⑭ $3\dfrac{11}{12} - 1\dfrac{10}{12} =$

⑤ $1\dfrac{3}{10} - 1\dfrac{1}{10} =$

⑮ $4\dfrac{10}{13} - 1\dfrac{12}{13} =$

⑥ $3\dfrac{4}{14} - 1\dfrac{13}{14} =$

⑯ $3\dfrac{8}{12} - 1\dfrac{10}{12} =$

⑦ $4\dfrac{15}{17} - 1\dfrac{16}{17} =$

⑰ $4\dfrac{15}{17} - 2\dfrac{14}{17} =$

⑧ $3\dfrac{13}{18} - 2\dfrac{15}{18} =$

⑱ $2\dfrac{15}{21} - 1\dfrac{11}{21} =$

⑨ $2\dfrac{13}{24} - 1\dfrac{10}{24} =$

⑲ $3\dfrac{19}{25} - 2\dfrac{15}{25} =$

⑩ $4\dfrac{14}{27} - 2\dfrac{17}{27} =$

⑳ $4\dfrac{15}{26} - 2\dfrac{17}{26} =$

분모가 같은 분수의 뺄셈 4

■ 다음 분수의 뺄셈을 하시오.

① $3\dfrac{2}{11} - 1\dfrac{8}{11} =$

② $2\dfrac{10}{12} - 1\dfrac{11}{12} =$

③ $4\dfrac{10}{14} - 1\dfrac{13}{14} =$

④ $2\dfrac{11}{19} - 1\dfrac{18}{19} =$

⑤ $2\dfrac{11}{13} - 1\dfrac{10}{13} =$

⑥ $3\dfrac{13}{14} - 2\dfrac{10}{14} =$

⑦ $4\dfrac{15}{17} - 1\dfrac{8}{17} =$

⑧ $5\dfrac{16}{20} - 3\dfrac{17}{20} =$

⑨ $6\dfrac{21}{24} - 2\dfrac{23}{24} =$

⑩ $4\dfrac{18}{25} - 2\dfrac{19}{25} =$

⑪ $4\dfrac{10}{12} - 1\dfrac{9}{12} =$

⑫ $2\dfrac{8}{16} - 1\dfrac{15}{16} =$

⑬ $3\dfrac{8}{18} - 1\dfrac{13}{18} =$

⑭ $2\dfrac{15}{23} - 1\dfrac{21}{23} =$

⑮ $1\dfrac{14}{15} - 1\dfrac{3}{15} =$

⑯ $3\dfrac{15}{18} - 1\dfrac{17}{18} =$

⑰ $4\dfrac{8}{17} - 2\dfrac{14}{17} =$

⑱ $3\dfrac{5}{19} - 1\dfrac{7}{19} =$

⑲ $4\dfrac{11}{21} - 2\dfrac{16}{21} =$

⑳ $3\dfrac{13}{24} - 1\dfrac{17}{24} =$

분모가 같은 분수의 뺄셈 4

분   초
/20

■ 다음 분수의 뺄셈을 하시오.

① $4\dfrac{4}{12} - 2\dfrac{6}{12} =$

② $3\dfrac{13}{15} - 1\dfrac{14}{15} =$

③ $2\dfrac{5}{17} - 1\dfrac{10}{17} =$

④ $3\dfrac{6}{21} - 1\dfrac{20}{21} =$

⑤ $2\dfrac{17}{18} - 1\dfrac{5}{18} =$

⑥ $3\dfrac{13}{15} - 2\dfrac{11}{15} =$

⑦ $4\dfrac{11}{19} - 2\dfrac{12}{19} =$

⑧ $5\dfrac{11}{23} - 3\dfrac{17}{23} =$

⑨ $3\dfrac{18}{21} - 1\dfrac{20}{21} =$

⑩ $2\dfrac{17}{25} - 1\dfrac{19}{25} =$

⑪ $2\dfrac{10}{11} - 1\dfrac{9}{11} =$

⑫ $3\dfrac{7}{14} - 1\dfrac{11}{14} =$

⑬ $2\dfrac{5}{18} - 1\dfrac{15}{18} =$

⑭ $4\dfrac{17}{20} - 2\dfrac{5}{20} =$

⑮ $3\dfrac{13}{15} - 1\dfrac{12}{15} =$

⑯ $2\dfrac{15}{17} - 1\dfrac{3}{17} =$

⑰ $4\dfrac{13}{18} - 2\dfrac{16}{18} =$

⑱ $5\dfrac{11}{19} - 2\dfrac{15}{19} =$

⑲ $2\dfrac{10}{25} - 1\dfrac{9}{25} =$

⑳ $3\dfrac{11}{24} - 2\dfrac{15}{24} =$

분모가 같은 분수의 뺄셈 4

분   초
/20

■ 다음 분수의 뺄셈을 하시오.

① $2\frac{8}{11} - 1\frac{9}{11} =$

② $3\frac{7}{13} - 1\frac{10}{13} =$

③ $4\frac{7}{15} - 2\frac{13}{15} =$

④ $2\frac{5}{17} - 1\frac{11}{17} =$

⑤ $3\frac{11}{13} - 1\frac{10}{13} =$

⑥ $2\frac{10}{15} - 1\frac{11}{15} =$

⑦ $3\frac{7}{17} - 2\frac{10}{17} =$

⑧ $4\frac{10}{18} - 2\frac{5}{18} =$

⑨ $5\frac{17}{21} - 3\frac{15}{21} =$

⑩ $6\frac{19}{25} - 3\frac{21}{25} =$

⑪ $3\frac{10}{13} - 1\frac{5}{13} =$

⑫ $2\frac{7}{15} - 1\frac{11}{15} =$

⑬ $3\frac{4}{16} - 1\frac{14}{16} =$

⑭ $3\frac{20}{21} - 1\frac{14}{21} =$

⑮ $3\frac{11}{12} - 1\frac{7}{12} =$

⑯ $4\frac{13}{16} - 2\frac{10}{16} =$

⑰ $5\frac{5}{18} - 3\frac{13}{18} =$

⑱ $4\frac{15}{20} - 2\frac{18}{20} =$

⑲ $4\frac{14}{21} - 2\frac{17}{21} =$

⑳ $5\frac{16}{25} - 2\frac{19}{25} =$

■ 다음 분수의 뺄셈을 하시오.

① $3\dfrac{11}{12} - 1\dfrac{4}{12} =$

⑪ $4\dfrac{13}{15} - 1\dfrac{11}{15} =$

② $2\dfrac{7}{15} - 1\dfrac{13}{15} =$

⑫ $3\dfrac{10}{16} - 1\dfrac{13}{16} =$

③ $3\dfrac{5}{16} - 1\dfrac{15}{16} =$

⑬ $4\dfrac{4}{20} - 1\dfrac{16}{20} =$

④ $2\dfrac{10}{22} - 1\dfrac{21}{22} =$

⑭ $3\dfrac{1}{12} - 1\dfrac{10}{12} =$

⑤ $3\dfrac{10}{13} - 1\dfrac{15}{13} =$

⑮ $4\dfrac{4}{14} - 2\dfrac{11}{14} =$

⑥ $2\dfrac{12}{14} - 1\dfrac{7}{14} =$

⑯ $3\dfrac{7}{17} - 1\dfrac{10}{17} =$

⑦ $4\dfrac{9}{17} - 2\dfrac{15}{17} =$

⑰ $4\dfrac{10}{20} - 2\dfrac{17}{20} =$

⑧ $3\dfrac{14}{20} - 2\dfrac{10}{20} =$

⑱ $4\dfrac{21}{23} - 2\dfrac{14}{23} =$

⑨ $5\dfrac{19}{25} - 3\dfrac{21}{25} =$

⑲ $3\dfrac{17}{25} - 1\dfrac{20}{25} =$

⑩ $3\dfrac{15}{21} - 1\dfrac{7}{21} =$

⑳ $4\dfrac{13}{27} - 2\dfrac{21}{27} =$

분모가 같은 분수의 뺄셈 4

■ 다음 분수의 뺄셈을 하시오.

① $2\dfrac{7}{10} - 1\dfrac{9}{10} =$

② $3\dfrac{12}{15} - 1\dfrac{14}{15} =$

③ $4\dfrac{14}{17} - 1\dfrac{16}{17} =$

④ $2\dfrac{15}{21} - 1\dfrac{19}{21} =$

⑤ $2\dfrac{7}{12} - 1\dfrac{4}{12} =$

⑥ $3\dfrac{8}{15} - 2\dfrac{10}{15} =$

⑦ $2\dfrac{15}{17} - 1\dfrac{10}{17} =$

⑧ $4\dfrac{16}{20} - 2\dfrac{13}{20} =$

⑨ $5\dfrac{16}{25} - 3\dfrac{5}{25} =$

⑩ $4\dfrac{21}{24} - 2\dfrac{23}{24} =$

⑪ $3\dfrac{8}{10} - 1\dfrac{9}{10} =$

⑫ $2\dfrac{11}{14} - 1\dfrac{12}{14} =$

⑬ $5\dfrac{17}{18} - 1\dfrac{15}{18} =$

⑭ $3\dfrac{11}{15} - 1\dfrac{14}{15} =$

⑮ $4\dfrac{15}{17} - 2\dfrac{12}{17} =$

⑯ $5\dfrac{17}{19} - 3\dfrac{13}{19} =$

⑰ $4\dfrac{21}{24} - 2\dfrac{15}{24} =$

⑱ $3\dfrac{17}{21} - 1\dfrac{19}{21} =$

⑲ $2\dfrac{10}{23} - 1\dfrac{17}{23} =$

⑳ $3\dfrac{15}{25} - 1\dfrac{17}{25} =$

분모가 같은 분수의 뺄셈 4

■ 다음 분수의 뺄셈을 하시오.

① $3\dfrac{10}{12} - 1\dfrac{11}{12} =$

② $2\dfrac{11}{14} - 1\dfrac{13}{14} =$

③ $4\dfrac{5}{17} - 2\dfrac{15}{17} =$

④ $6\dfrac{15}{19} - 3\dfrac{17}{19} =$

⑤ $2\dfrac{1}{15} - 1\dfrac{11}{15} =$

⑥ $4\dfrac{10}{17} - 2\dfrac{15}{17} =$

⑦ $5\dfrac{10}{13} - 2\dfrac{11}{13} =$

⑧ $9\dfrac{8}{17} - 5\dfrac{14}{17} =$

⑨ $4\dfrac{11}{21} - 2\dfrac{14}{21} =$

⑩ $5\dfrac{15}{25} - 3\dfrac{22}{25} =$

⑪ $4\dfrac{11}{15} - 1\dfrac{13}{15} =$

⑫ $2\dfrac{5}{17} - 1\dfrac{12}{17} =$

⑬ $3\dfrac{3}{19} - 1\dfrac{15}{19} =$

⑭ $2\dfrac{11}{25} - 1\dfrac{24}{25} =$

⑮ $3\dfrac{12}{13} - 1\dfrac{7}{13} =$

⑯ $2\dfrac{10}{15} - 1\dfrac{2}{15} =$

⑰ $3\dfrac{15}{18} - 2\dfrac{13}{18} =$

⑱ $4\dfrac{20}{21} - 2\dfrac{15}{21} =$

⑲ $5\dfrac{17}{25} - 3\dfrac{19}{25} =$

⑳ $4\dfrac{15}{23} - 1\dfrac{18}{23} =$

이 교재를 다 마친 후 실시해 주십시오.

성취도 테스트

D-1

74문항 / 소요시간20분

성취도 테스트 실시 목적

지금까지 학습한 D-1과정을 정확하고 빠르게 습득했는지
성취도를 테스트하기 위하여 실시합니다.
이 교재의 어느 부분이 부족한지 오답의 성질을 분석, 약점을
보완하고 지도 자료로 활용합니다.
다음 교재 학습을 위하여 즐겁고 자신있게 풀 수 있도록 동기를
부여하고 자극을 주는 데 목적이 있습니다.

실시방법

먼저 실시 년, 월, 일을 쓰고 시간을 정확히 재면서 문제를
풀도록 합니다.
가능하면 소요시간 내에 풀게 하고, 시간 이내에 풀지 못하면
푼 데까지 표시 후 다 풀도록 해 주세요.
채점은 교사나 어머니께서 직접 해 주시고 정답 수를 기록합니다.

실시 년 월 일	년 월 일	소요 시간	/ 20분

■ 다음 분수를 대분수로 고치시오.

① $\dfrac{11}{2} =$ ② $\dfrac{15}{7} =$ ③ $\dfrac{21}{8} =$ ④ $\dfrac{45}{6} =$

⑤ $\dfrac{67}{12} =$ ⑥ $\dfrac{80}{19} =$ ⑦ $\dfrac{63}{13} =$ ⑧ $\dfrac{89}{23} =$

⑨ $1\dfrac{12}{9} =$ ⑩ $3\dfrac{50}{14} =$ ⑪ $4\dfrac{62}{9} =$ ⑫ $5\dfrac{40}{17} =$

⑬ $4\dfrac{57}{13} =$ ⑭ $3\dfrac{63}{15} =$ ⑮ $5\dfrac{40}{23} =$ ⑯ $7\dfrac{32}{19} =$

■ 다음 분수를 덧셈하여 대분수로 고치시오.

⑰ $\dfrac{2}{3} + \dfrac{2}{3} =$ ⑱ $\dfrac{4}{6} + \dfrac{5}{6} =$ ⑲ $\dfrac{4}{10} + \dfrac{7}{10} =$

⑳ $\dfrac{8}{15} + \dfrac{13}{15} =$ ㉑ $\dfrac{13}{21} + \dfrac{18}{21} =$ ㉒ $\dfrac{20}{27} + \dfrac{23}{27} =$

㉓ $1\dfrac{2}{5} + \dfrac{4}{5} =$ ㉔ $3\dfrac{7}{8} + \dfrac{3}{8} =$ ㉕ $\dfrac{7}{10} + 2\dfrac{4}{10} =$

㉖ $2\dfrac{3}{11} + \dfrac{9}{11} =$ ㉗ $2\dfrac{3}{12} + \dfrac{5}{12} =$ ㉘ $5\dfrac{5}{9} + \dfrac{6}{9} =$

㉙ $1\frac{1}{4}+2\frac{2}{4}=$

㉚ $3\frac{3}{6}+2\frac{2}{6}=$

㉛ $1\frac{7}{9}+1\frac{7}{9}=$

㉜ $1\frac{8}{12}+1\frac{3}{12}=$

㉝ $2\frac{4}{10}+1\frac{8}{10}=$

㉞ $3\frac{4}{5}+4\frac{4}{5}=$

㉟ $2\frac{9}{12}+1\frac{10}{12}=$

㊱ $4\frac{6}{8}+3\frac{7}{8}=$

㊲ $2\frac{5}{7}+4\frac{6}{7}=$

■ 자연수 부분 중 1을 가져와서 가분수로 고치시오.

㊳ $3=\frac{\quad}{3}$

㊴ $5=\frac{\quad}{2}$

㊵ $2=\frac{\quad}{6}$

㊶ $7=\frac{\quad}{8}$

㊷ $4=\frac{\quad}{7}$

㊸ $3=\frac{\quad}{5}$

㊹ $3\frac{1}{4}=$

㊺ $2\frac{2}{5}=$

㊻ $4\frac{1}{2}=$

㊼ $3\frac{4}{7}=$

㊽ $3\frac{5}{8}=$

㊾ $2\frac{10}{14}=$

㊿ $3\frac{12}{17}=$

(51) $1\frac{12}{20}=$

(52) $4\frac{7}{13}=$

(53) $3\frac{17}{21}=$

■ 다음 분수의 뺄셈을 하시오.

⑤ $2\dfrac{3}{4} - \dfrac{2}{4} =$ 　　　　⑤ $2\dfrac{3}{7} - \dfrac{5}{7} =$ 　　　　㊹ $4\dfrac{4}{6} - \dfrac{5}{6} =$

⑤ $2\dfrac{1}{8} - \dfrac{5}{8} =$ 　　　　⑤ $3\dfrac{4}{11} - \dfrac{10}{11} =$ 　　　　㊾ $2\dfrac{2}{9} - \dfrac{8}{9} =$

⑥ $3\dfrac{5}{13} - \dfrac{10}{13} =$ 　　　　㊱ $2\dfrac{8}{10} - \dfrac{9}{10} =$ 　　　　㊷ $4\dfrac{11}{17} - \dfrac{12}{17} =$

㊳ $2\dfrac{7}{8} - 1\dfrac{3}{8} =$ 　　　　㊽ $3\dfrac{11}{12} - 1\dfrac{7}{12} =$ 　　　　㊺ $3\dfrac{10}{15} - 1\dfrac{12}{15} =$

㊻ $4\dfrac{8}{11} - 2\dfrac{9}{11} =$ 　　　　㊼ $3\dfrac{7}{17} - 1\dfrac{8}{17} =$ 　　　　㊿ $5\dfrac{10}{13} - 2\dfrac{11}{13} =$

㊿ $4\dfrac{3}{9} - 3\dfrac{8}{9} =$ 　　　　⑦ $3\dfrac{15}{18} - 1\dfrac{16}{18} =$ 　　　　⑦ $2\dfrac{19}{20} - 1\dfrac{13}{20} =$

⑦ $3\dfrac{2}{10} - 2\dfrac{7}{10} =$ 　　　　⑦ $3\dfrac{10}{14} - 1\dfrac{11}{14} =$ 　　　　⑦ $3\dfrac{17}{21} - 1\dfrac{19}{21} =$

성취도 테스트 결과표

D-1
74문항 / 소요시간20분

소요시간 :　　　　　　　　　　정답 수 :　　　　　　　/ 74문항

구분	성취도 테스트 결과			
정답 수	74~70	69~65	64~55	54~
성취도	A	B	C	D

A. (아주 잘함) : 충분히 이해했으니 다음 단계로 가세요.

B. (잘함) : 학습 내용은 충분히 잘 이해했으나 틀린 부분을 다시 한 번 꼼꼼히 체크하세요.

C. (보통임) : 학습 내용 중 부족한 부분이 있으니 다시 한 번 복습하세요.

D. (부족함) : 다음 단계로 가기에는 부족합니다. 다시 한 번 학습하세요.

성취도 테스트 정답

① $5\frac{1}{2}$　② $2\frac{1}{7}$　③ $2\frac{5}{8}$　④ $7\frac{3}{6}$　⑤ $5\frac{7}{12}$　⑥ $4\frac{4}{19}$　⑦ $4\frac{11}{13}$

⑧ $3\frac{20}{23}$　⑨ $2\frac{3}{9}$　⑩ $6\frac{8}{14}$　⑪ $10\frac{8}{9}$　⑫ $7\frac{6}{17}$　⑬ $8\frac{5}{13}$　⑭ $7\frac{3}{15}$

⑮ $6\frac{17}{23}$　⑯ $8\frac{13}{19}$　⑰ $1\frac{1}{3}$　⑱ $1\frac{3}{6}$　⑲ $1\frac{1}{10}$　⑳ $1\frac{6}{15}$　㉑ $1\frac{10}{21}$

㉒ $1\frac{16}{27}$　㉓ $2\frac{1}{5}$　㉔ $4\frac{2}{8}$　㉕ $3\frac{1}{10}$　㉖ $3\frac{1}{11}$　㉗ $2\frac{8}{12}$　㉘ $6\frac{2}{9}$

㉙ $3\frac{3}{4}$　㉚ $5\frac{5}{6}$　㉛ $3\frac{5}{9}$　㉜ $2\frac{11}{12}$　㉝ $4\frac{2}{10}$　㉞ $8\frac{5}{3}$　㉟ $4\frac{7}{12}$

㊱ $8\frac{5}{8}$　㊲ $7\frac{4}{7}$　㊳ $2\frac{3}{3}$　㊴ $4\frac{2}{2}$　㊵ $1\frac{6}{6}$　㊶ $6\frac{8}{8}$　㊷ $3\frac{7}{7}$

㊸ $2\frac{5}{5}$　㊹ $2\frac{5}{4}$　㊺ $1\frac{7}{5}$　㊻ $3\frac{3}{2}$　㊼ $2\frac{11}{7}$　㊽ $2\frac{13}{8}$　㊾ $1\frac{24}{14}$

㊿ $2\frac{29}{17}$　51 $\frac{32}{20}$　52 $3\frac{20}{13}$　53 $2\frac{38}{21}$　54 $2\frac{1}{4}$　55 $1\frac{5}{7}$　56 $3\frac{5}{6}$

57 $1\frac{4}{8}$　58 $2\frac{5}{11}$　59 $1\frac{3}{9}$　60 $2\frac{8}{13}$　61 $1\frac{9}{10}$　62 $3\frac{16}{17}$　63 $1\frac{4}{8}$

64 $2\frac{4}{12}$　65 $1\frac{13}{15}$　66 $1\frac{10}{11}$　67 $1\frac{16}{17}$　68 $2\frac{12}{13}$　69 $\frac{4}{9}$　70 $1\frac{17}{18}$

71 $\frac{6}{20}$　72 $\frac{5}{10}$　73 $1\frac{13}{14}$　74 $1\frac{19}{21}$

정답

81단계 정답

81~01

① $\dfrac{3}{5}$ ② $\dfrac{8}{6}$ ③ $\dfrac{22}{8}$ ④ $\dfrac{9}{10}$ ⑤ $\dfrac{15}{13}$ ⑥ $\dfrac{26}{18}$ ⑦ $\dfrac{44}{24}$
⑧ $\dfrac{16}{20}$ ⑨ $\dfrac{30}{21}$ ⑩ $\dfrac{15}{17}$ ⑪ $\dfrac{28}{20}$ ⑫ $\dfrac{30}{25}$ ⑬ $\dfrac{6}{4}$ ⑭ $\dfrac{9}{7}$
⑮ $\dfrac{11}{10}$ ⑯ $\dfrac{9}{9}$ ⑰ $\dfrac{14}{12}$ ⑱ $\dfrac{15}{15}$ ⑲ $\dfrac{14}{10}$ ⑳ $\dfrac{23}{15}$ ㉑ $\dfrac{31}{22}$
㉒ $\dfrac{25}{23}$ ㉓ $\dfrac{36}{25}$ ㉔ $\dfrac{48}{28}$

81~06

① $\dfrac{3}{5}$ ② $\dfrac{8}{7}$ ③ $\dfrac{9}{6}$ ④ $\dfrac{12}{8}$ ⑤ $\dfrac{15}{10}$ ⑥ $\dfrac{17}{11}$ ⑦ $\dfrac{23}{15}$
⑧ $\dfrac{28}{16}$ ⑨ $\dfrac{37}{20}$ ⑩ $\dfrac{22}{17}$ ⑪ $\dfrac{26}{22}$ ⑫ $\dfrac{37}{25}$ ⑬ $\dfrac{3}{3}$ ⑭ $\dfrac{11}{7}$
⑮ $\dfrac{13}{9}$ ⑯ $\dfrac{18}{11}$ ⑰ $\dfrac{21}{13}$ ⑱ $\dfrac{22}{15}$ ⑲ $\dfrac{28}{22}$ ⑳ $\dfrac{44}{25}$ ㉑ $\dfrac{44}{24}$
㉒ $\dfrac{51}{27}$ ㉓ $\dfrac{38}{25}$ ㉔ $\dfrac{47}{28}$

81~02

① $\dfrac{2}{3}$ ② $\dfrac{6}{5}$ ③ $\dfrac{5}{4}$ ④ $\dfrac{11}{7}$ ⑤ $\dfrac{8}{8}$ ⑥ $\dfrac{10}{10}$ ⑦ $\dfrac{10}{9}$
⑧ $\dfrac{15}{12}$ ⑨ $\dfrac{22}{15}$ ⑩ $\dfrac{21}{17}$ ⑪ $\dfrac{25}{21}$ ⑫ $\dfrac{46}{27}$ ⑬ $\dfrac{7}{7}$ ⑭ $\dfrac{17}{10}$
⑮ $\dfrac{18}{12}$ ⑯ $\dfrac{14}{13}$ ⑰ $\dfrac{15}{15}$ ⑱ $\dfrac{27}{20}$ ⑲ $\dfrac{21}{18}$ ⑳ $\dfrac{29}{22}$ ㉑ $\dfrac{36}{23}$
㉒ $\dfrac{39}{25}$ ㉓ $\dfrac{41}{26}$ ㉔ $\dfrac{41}{29}$

81~07

① $\dfrac{6}{6}$ ② $\dfrac{8}{7}$ ③ $\dfrac{7}{5}$ ④ $\dfrac{20}{11}$ ⑤ $\dfrac{11}{10}$ ⑥ $\dfrac{23}{13}$ ⑦ $\dfrac{25}{15}$
⑧ $\dfrac{27}{17}$ ⑨ $\dfrac{23}{16}$ ⑩ $\dfrac{27}{18}$ ⑪ $\dfrac{31}{19}$ ⑫ $\dfrac{43}{23}$ ⑬ $\dfrac{10}{9}$ ⑭ $\dfrac{18}{11}$
⑮ $\dfrac{22}{13}$ ⑯ $\dfrac{24}{15}$ ⑰ $\dfrac{27}{17}$ ⑱ $\dfrac{17}{16}$ ⑲ $\dfrac{26}{20}$ ⑳ $\dfrac{29}{22}$ ㉑ $\dfrac{43}{24}$
㉒ $\dfrac{20}{19}$ ㉓ $\dfrac{36}{23}$ ㉔ $\dfrac{46}{27}$

81~03

① $\dfrac{7}{5}$ ② $\dfrac{9}{6}$ ③ $\dfrac{11}{8}$ ④ $\dfrac{10}{7}$ ⑤ $\dfrac{15}{10}$ ⑥ $\dfrac{12}{11}$ ⑦ $\dfrac{21}{13}$
⑧ $\dfrac{25}{19}$ ⑨ $\dfrac{29}{20}$ ⑩ $\dfrac{34}{22}$ ⑪ $\dfrac{40}{23}$ ⑫ $\dfrac{36}{25}$ ⑬ $\dfrac{8}{7}$ ⑭ $\dfrac{10}{9}$
⑮ $\dfrac{16}{10}$ ⑯ $\dfrac{15}{12}$ ⑰ $\dfrac{20}{13}$ ⑱ $\dfrac{25}{16}$ ⑲ $\dfrac{26}{17}$ ⑳ $\dfrac{27}{19}$ ㉑ $\dfrac{39}{21}$
㉒ $\dfrac{37}{23}$ ㉓ $\dfrac{41}{25}$ ㉔ $\dfrac{48}{27}$

81~08

① $\dfrac{9}{7}$ ② $\dfrac{14}{10}$ ③ $\dfrac{21}{12}$ ④ $\dfrac{17}{11}$ ⑤ $\dfrac{21}{13}$ ⑥ $\dfrac{23}{14}$ ⑦ $\dfrac{17}{12}$
⑧ $\dfrac{24}{15}$ ⑨ $\dfrac{30}{17}$ ⑩ $\dfrac{31}{19}$ ⑪ $\dfrac{35}{22}$ ⑫ $\dfrac{45}{25}$ ⑬ $\dfrac{10}{9}$ ⑭ $\dfrac{18}{11}$
⑮ $\dfrac{15}{10}$ ⑯ $\dfrac{17}{12}$ ⑰ $\dfrac{24}{15}$ ⑱ $\dfrac{28}{17}$ ⑲ $\dfrac{17}{11}$ ⑳ $\dfrac{35}{20}$ ㉑ $\dfrac{43}{23}$
㉒ $\dfrac{28}{18}$ ㉓ $\dfrac{26}{19}$ ㉔ $\dfrac{43}{24}$

81~04

① $\dfrac{6}{5}$ ② $\dfrac{7}{7}$ ③ $\dfrac{9}{6}$ ④ $\dfrac{12}{8}$ ⑤ $\dfrac{16}{10}$ ⑥ $\dfrac{19}{11}$ ⑦ $\dfrac{22}{13}$
⑧ $\dfrac{23}{15}$ ⑨ $\dfrac{24}{16}$ ⑩ $\dfrac{26}{19}$ ⑪ $\dfrac{29}{18}$ ⑫ $\dfrac{38}{21}$ ⑬ $\dfrac{9}{6}$ ⑭ $\dfrac{12}{8}$
⑮ $\dfrac{15}{10}$ ⑯ $\dfrac{17}{12}$ ⑰ $\dfrac{21}{13}$ ⑱ $\dfrac{24}{15}$ ⑲ $\dfrac{29}{17}$ ⑳ $\dfrac{33}{18}$ ㉑ $\dfrac{37}{22}$
㉒ $\dfrac{41}{24}$ ㉓ $\dfrac{44}{27}$ ㉔ $\dfrac{51}{29}$

81~09

① $\dfrac{8}{7}$ ② $\dfrac{17}{11}$ ③ $\dfrac{21}{12}$ ④ $\dfrac{24}{14}$ ⑤ $\dfrac{28}{17}$ ⑥ $\dfrac{23}{15}$ ⑦ $\dfrac{28}{19}$
⑧ $\dfrac{35}{20}$ ⑨ $\dfrac{35}{21}$ ⑩ $\dfrac{17}{18}$ ⑪ $\dfrac{26}{20}$ ⑫ $\dfrac{39}{25}$ ⑬ $\dfrac{6}{9}$ ⑭ $\dfrac{12}{9}$
⑮ $\dfrac{17}{13}$ ⑯ $\dfrac{20}{12}$ ⑰ $\dfrac{23}{14}$ ⑱ $\dfrac{26}{16}$ ⑲ $\dfrac{34}{20}$ ⑳ $\dfrac{27}{19}$ ㉑ $\dfrac{29}{23}$
㉒ $\dfrac{39}{25}$ ㉓ $\dfrac{26}{19}$ ㉔ $\dfrac{44}{27}$

81~05

① $\dfrac{6}{5}$ ② $\dfrac{8}{7}$ ③ $\dfrac{9}{9}$ ④ $\dfrac{17}{11}$ ⑤ $\dfrac{21}{13}$ ⑥ $\dfrac{25}{15}$ ⑦ $\dfrac{29}{17}$
⑧ $\dfrac{25}{18}$ ⑨ $\dfrac{38}{21}$ ⑩ $\dfrac{37}{20}$ ⑪ $\dfrac{41}{23}$ ⑫ $\dfrac{45}{27}$ ⑬ $\dfrac{7}{6}$ ⑭ $\dfrac{12}{8}$
⑮ $\dfrac{12}{10}$ ⑯ $\dfrac{21}{12}$ ⑰ $\dfrac{25}{15}$ ⑱ $\dfrac{27}{17}$ ⑲ $\dfrac{29}{18}$ ⑳ $\dfrac{35}{20}$ ㉑ $\dfrac{43}{23}$
㉒ $\dfrac{45}{25}$ ㉓ $\dfrac{28}{24}$ ㉔ $\dfrac{38}{26}$

81~10

① $\dfrac{7}{6}$ ② $\dfrac{7}{8}$ ③ $\dfrac{8}{7}$ ④ $\dfrac{12}{9}$ ⑤ $\dfrac{15}{10}$ ⑥ $\dfrac{21}{13}$ ⑦ $\dfrac{25}{15}$
⑧ $\dfrac{16}{10}$ ⑨ $\dfrac{23}{19}$ ⑩ $\dfrac{37}{22}$ ⑪ $\dfrac{41}{24}$ ⑫ $\dfrac{48}{26}$ ⑬ $\dfrac{7}{5}$ ⑭ $\dfrac{11}{8}$
⑮ $\dfrac{15}{9}$ ⑯ $\dfrac{18}{12}$ ⑰ $\dfrac{24}{14}$ ⑱ $\dfrac{26}{16}$ ⑲ $\dfrac{36}{21}$ ⑳ $\dfrac{28}{20}$ ㉑ $\dfrac{36}{24}$
㉒ $\dfrac{44}{26}$ ㉓ $\dfrac{27}{25}$ ㉔ $\dfrac{48}{28}$

82~01
① $\frac{2}{5}$ ② $\frac{2}{6}$ ③ $\frac{1}{8}$ ④ $\frac{7}{10}$ ⑤ $\frac{9}{11}$ ⑥ $\frac{5}{12}$ ⑦ $\frac{11}{20}$
⑧ $\frac{10}{22}$ ⑨ $\frac{8}{17}$ ⑩ $\frac{11}{19}$ ⑪ $\frac{7}{23}$ ⑫ $\frac{7}{25}$ ⑬ $\frac{3}{6}$ ⑭ $\frac{4}{9}$
⑮ $\frac{4}{12}$ ⑯ $\frac{11}{15}$ ⑰ $\frac{11}{20}$ ⑱ $\frac{14}{26}$ ⑲ $\frac{13}{25}$ ⑳ $\frac{5}{18}$ ㉑ $\frac{13}{21}$
㉒ $\frac{15}{22}$ ㉓ $\frac{6}{25}$ ㉔ $\frac{12}{26}$

82~02
① $\frac{3}{7}$ ② $\frac{5}{10}$ ③ $\frac{8}{11}$ ④ $\frac{8}{13}$ ⑤ $\frac{6}{19}$ ⑥ $\frac{6}{10}$ ⑦ $\frac{3}{13}$
⑧ $\frac{12}{20}$ ⑨ $\frac{9}{19}$ ⑩ $\frac{6}{22}$ ⑪ $\frac{4}{25}$ ⑫ $\frac{12}{23}$ ⑬ $\frac{2}{8}$ ⑭ $\frac{6}{11}$
⑮ $\frac{3}{9}$ ⑯ $\frac{6}{12}$ ⑰ $\frac{7}{15}$ ⑱ $\frac{3}{14}$ ⑲ $\frac{12}{17}$ ⑳ $\frac{13}{21}$ ㉑ $\frac{6}{24}$
㉒ $\frac{3}{20}$ ㉓ $\frac{12}{24}$ ㉔ $\frac{5}{26}$

82~03
① $\frac{5}{8}$ ② $\frac{6}{10}$ ③ $\frac{5}{13}$ ④ $\frac{5}{17}$ ⑤ $\frac{8}{18}$ ⑥ $\frac{7}{20}$ ⑦ $\frac{15}{21}$
⑧ $\frac{6}{24}$ ⑨ $\frac{5}{26}$ ⑩ $\frac{3}{20}$ ⑪ $\frac{4}{25}$ ⑫ $\frac{8}{26}$ ⑬ $\frac{6}{9}$ ⑭ $\frac{5}{11}$
⑮ $\frac{4}{10}$ ⑯ $\frac{7}{13}$ ⑰ $\frac{8}{17}$ ⑱ $\frac{8}{20}$ ⑲ $\frac{9}{22}$ ⑳ $\frac{14}{18}$ ㉑ $\frac{6}{23}$
㉒ $\frac{11}{24}$ ㉓ $\frac{3}{25}$ ㉔ $\frac{15}{27}$

82~04
① $\frac{4}{7}$ ② $\frac{5}{9}$ ③ $\frac{7}{11}$ ④ $\frac{6}{13}$ ⑤ $\frac{12}{17}$ ⑥ $\frac{13}{19}$ ⑦ $\frac{11}{20}$
⑧ $\frac{11}{23}$ ⑨ $\frac{7}{25}$ ⑩ $\frac{10}{23}$ ⑪ $\frac{6}{24}$ ⑫ $\frac{10}{25}$ ⑬ $\frac{4}{8}$ ⑭ $\frac{2}{10}$
⑮ $\frac{4}{13}$ ⑯ $\frac{5}{17}$ ⑰ $\frac{13}{21}$ ⑱ $\frac{11}{19}$ ⑲ $\frac{8}{23}$ ⑳ $\frac{4}{25}$ ㉑ $\frac{11}{21}$
㉒ $\frac{9}{24}$ ㉓ $\frac{6}{26}$ ㉔ $\frac{8}{25}$

82~05
① $\frac{3}{8}$ ② $\frac{2}{10}$ ③ $\frac{8}{11}$ ④ $\frac{3}{15}$ ⑤ $\frac{4}{17}$ ⑥ $\frac{16}{22}$ ⑦ $\frac{6}{24}$
⑧ $\frac{4}{20}$ ⑨ $\frac{7}{25}$ ⑩ $\frac{12}{27}$ ⑪ $\frac{4}{24}$ ⑫ $\frac{10}{26}$ ⑬ $\frac{5}{9}$ ⑭ $\frac{3}{11}$
⑮ $\frac{4}{14}$ ⑯ $\frac{7}{10}$ ⑰ $\frac{5}{13}$ ⑱ $\frac{8}{18}$ ⑲ $\frac{12}{19}$ ⑳ $\frac{8}{22}$ ㉑ $\frac{6}{23}$
㉒ $\frac{10}{21}$ ㉓ $\frac{10}{25}$ ㉔ $\frac{9}{23}$

82~06
① $\frac{4}{8}$ ② $\frac{5}{9}$ ③ $\frac{7}{12}$ ④ $\frac{3}{15}$ ⑤ $\frac{4}{17}$ ⑥ $\frac{6}{20}$ ⑦ $\frac{10}{22}$
⑧ $\frac{11}{25}$ ⑨ $\frac{9}{23}$ ⑩ $\frac{7}{24}$ ⑪ $\frac{7}{25}$ ⑫ $\frac{6}{26}$ ⑬ $\frac{2}{7}$ ⑭ $\frac{8}{11}$
⑮ $\frac{6}{15}$ ⑯ $\frac{9}{19}$ ⑰ $\frac{14}{23}$ ⑱ $\frac{3}{20}$ ⑲ $\frac{6}{21}$ ⑳ $\frac{8}{22}$ ㉑ $\frac{6}{23}$
㉒ $\frac{11}{24}$ ㉓ $\frac{11}{25}$ ㉔ $\frac{8}{26}$

82~07
① $\frac{2}{7}$ ② $\frac{6}{9}$ ③ $\frac{3}{12}$ ④ $\frac{5}{13}$ ⑤ $\frac{4}{15}$ ⑥ $\frac{8}{17}$ ⑦ $\frac{6}{19}$
⑧ $\frac{6}{21}$ ⑨ $\frac{7}{23}$ ⑩ $\frac{5}{25}$ ⑪ $\frac{5}{26}$ ⑫ $\frac{14}{28}$ ⑬ $\frac{4}{8}$ ⑭ $\frac{3}{11}$
⑮ $\frac{7}{14}$ ⑯ $\frac{8}{17}$ ⑰ $\frac{4}{16}$ ⑱ $\frac{9}{20}$ ⑲ $\frac{13}{21}$ ⑳ $\frac{6}{23}$ ㉑ $\frac{11}{25}$
㉒ $\frac{9}{21}$ ㉓ $\frac{4}{26}$ ㉔ $\frac{8}{24}$

82~08
① $\frac{4}{7}$ ② $\frac{6}{9}$ ③ $\frac{5}{13}$ ④ $\frac{3}{15}$ ⑤ $\frac{7}{17}$ ⑥ $\frac{5}{16}$ ⑦ $\frac{8}{21}$
⑧ $\frac{15}{20}$ ⑨ $\frac{7}{23}$ ⑩ $\frac{6}{25}$ ⑪ $\frac{6}{24}$ ⑫ $\frac{6}{26}$ ⑬ $\frac{3}{5}$ ⑭ $\frac{6}{10}$
⑮ $\frac{1}{11}$ ⑯ $\frac{5}{14}$ ⑰ $\frac{5}{15}$ ⑱ $\frac{8}{17}$ ⑲ $\frac{10}{20}$ ⑳ $\frac{12}{22}$ ㉑ $\frac{5}{24}$
㉒ $\frac{3}{25}$ ㉓ $\frac{7}{26}$ ㉔ $\frac{6}{27}$

82~09
① $\frac{5}{9}$ ② $\frac{4}{8}$ ③ $\frac{5}{10}$ ④ $\frac{4}{13}$ ⑤ $\frac{2}{15}$ ⑥ $\frac{6}{14}$ ⑦ $\frac{7}{17}$
⑧ $\frac{3}{21}$ ⑨ $\frac{6}{23}$ ⑩ $\frac{12}{23}$ ⑪ $\frac{11}{24}$ ⑫ $\frac{5}{25}$ ⑬ $\frac{4}{7}$ ⑭ $\frac{7}{10}$
⑮ $\frac{2}{5}$ ⑯ $\frac{3}{12}$ ⑰ $\frac{10}{15}$ ⑱ $\frac{9}{16}$ ⑲ $\frac{8}{18}$ ⑳ $\frac{10}{22}$ ㉑ $\frac{7}{25}$
㉒ $\frac{9}{24}$ ㉓ $\frac{5}{26}$ ㉔ $\frac{5}{28}$

82~10
① $\frac{2}{5}$ ② $\frac{4}{9}$ ③ $\frac{3}{11}$ ④ $\frac{5}{10}$ ⑤ $\frac{1}{13}$ ⑥ $\frac{2}{15}$ ⑦ $\frac{4}{17}$
⑧ $\frac{2}{21}$ ⑨ $\frac{6}{19}$ ⑩ $\frac{4}{23}$ ⑪ $\frac{5}{25}$ ⑫ $\frac{7}{24}$ ⑬ $\frac{2}{15}$ ⑭ $\frac{5}{12}$
⑮ $\frac{5}{15}$ ⑯ $\frac{4}{16}$ ⑰ $\frac{7}{18}$ ⑱ $\frac{5}{17}$ ⑲ $\frac{8}{20}$ ⑳ $\frac{7}{22}$ ㉑ $\frac{9}{24}$
㉒ $\frac{9}{26}$ ㉓ $\frac{6}{28}$ ㉔ $\frac{8}{27}$

83~01
① $4\frac{1}{2}$ ② $2\frac{3}{5}$ ③ $7\frac{3}{4}$ ④ $4\frac{2}{5}$ ⑤ $1\frac{5}{7}$ ⑥ $1\frac{4}{5}$ ⑦ $4\frac{1}{7}$ ⑧ $4\frac{2}{5}$
⑨ $7\frac{2}{6}$ ⑩ $6\frac{2}{11}$ ⑪ $3\frac{2}{13}$ ⑫ $8\frac{2}{9}$ ⑬ $5\frac{5}{7}$ ⑭ 7 ⑮ $11\frac{4}{7}$ ⑯ $3\frac{5}{9}$
⑰ $12\frac{3}{4}$ ⑱ 13 ⑲ $6\frac{1}{4}$ ⑳ $7\frac{6}{7}$ ㉑ $5\frac{2}{7}$ ㉒ $2\frac{3}{13}$ ㉓ $6\frac{7}{11}$ ㉔ $6\frac{4}{17}$
㉕ $2\frac{1}{3}$ ㉖ $2\frac{3}{5}$ ㉗ $4\frac{1}{4}$ ㉘ $11\frac{3}{7}$ ㉙ $4\frac{4}{5}$ ㉚ $5\frac{6}{9}$ ㉛ $8\frac{1}{4}$ ㉜ $9\frac{6}{7}$
㉝ 17 ㉞ 5 ㉟ $3\frac{5}{17}$ ㊱ $7\frac{7}{11}$

83~02
① $3\frac{1}{2}$ ② $3\frac{1}{4}$ ③ $4\frac{4}{6}$ ④ $10\frac{1}{5}$ ⑤ $26\frac{2}{3}$ ⑥ $3\frac{3}{4}$ ⑦ $4\frac{5}{7}$ ⑧ $9\frac{2}{3}$
⑨ $4\frac{2}{5}$ ⑩ $5\frac{1}{4}$ ⑪ $4\frac{4}{11}$ ⑫ $8\frac{1}{12}$ ⑬ $2\frac{1}{4}$ ⑭ $4\frac{2}{3}$ ⑮ $2\frac{6}{7}$ ⑯ $7\frac{4}{8}$
⑰ $6\frac{2}{3}$ ⑱ $9\frac{5}{6}$ ⑲ $6\frac{2}{3}$ ⑳ $14\frac{1}{3}$ ㉑ $3\frac{4}{7}$ ㉒ $8\frac{1}{4}$ ㉓ $6\frac{4}{6}$ ㉔ $5\frac{2}{12}$
㉕ $6\frac{4}{6}$ ㉖ $2\frac{4}{8}$ ㉗ $8\frac{2}{3}$ ㉘ $3\frac{5}{9}$ ㉙ $4\frac{1}{2}$ ㉚ $6\frac{4}{7}$ ㉛ $18\frac{1}{3}$ ㉜ $5\frac{6}{7}$
㉝ $6\frac{5}{6}$ ㉞ $3\frac{2}{13}$ ㉟ $4\frac{8}{17}$ ㊱ $4\frac{3}{19}$

83~03
① $8\frac{1}{3}$ ② $4\frac{1}{4}$ ③ $3\frac{2}{6}$ ④ $16\frac{1}{2}$ ⑤ $4\frac{2}{7}$ ⑥ $5\frac{1}{8}$ ⑦ 7 ⑧ $4\frac{4}{7}$
⑨ $2\frac{2}{8}$ ⑩ $3\frac{9}{11}$ ⑪ $7\frac{1}{9}$ ⑫ $3\frac{12}{13}$ ⑬ $2\frac{2}{5}$ ⑭ $6\frac{3}{4}$ ⑮ $7\frac{3}{6}$ ⑯ $1\frac{4}{7}$
⑰ 17 ⑱ $4\frac{7}{9}$ ⑲ $8\frac{1}{2}$ ⑳ $9\frac{1}{4}$ ㉑ $6\frac{2}{5}$ ㉒ $3\frac{2}{12}$ ㉓ $4\frac{1}{17}$ ㉔ $6\frac{9}{21}$
㉕ $7\frac{2}{4}$ ㉖ $4\frac{1}{7}$ ㉗ $6\frac{1}{6}$ ㉘ $12\frac{3}{4}$ ㉙ $3\frac{6}{8}$ ㉚ $4\frac{1}{7}$ ㉛ $7\frac{3}{8}$ ㉜ $3\frac{1}{12}$
㉝ $3\frac{7}{10}$ ㉞ $9\frac{1}{7}$ ㉟ 11 ㊱ $6\frac{5}{7}$

83~04
① $2\frac{2}{4}$ ② $8\frac{1}{3}$ ③ $8\frac{1}{2}$ ④ $2\frac{5}{7}$ ⑤ 14 ⑥ 8 ⑦ $7\frac{1}{2}$ ⑧ $7\frac{2}{3}$
⑨ 5 ⑩ 8 ⑪ $4\frac{1}{13}$ ⑫ $6\frac{9}{15}$ ⑬ $2\frac{4}{7}$ ⑭ $1\frac{3}{9}$ ⑮ $13\frac{2}{7}$ ⑯ $9\frac{5}{6}$
⑰ $9\frac{2}{4}$ ⑱ $5\frac{5}{6}$ ⑲ $4\frac{1}{7}$ ⑳ $4\frac{3}{8}$ ㉑ $2\frac{2}{11}$ ㉒ $3\frac{12}{17}$ ㉓ $5\frac{3}{13}$ ㉔ $4\frac{12}{15}$
㉕ $6\frac{3}{4}$ ㉖ $4\frac{2}{7}$ ㉗ $24\frac{1}{2}$ ㉘ $1\frac{7}{8}$ ㉙ $3\frac{7}{9}$ ㉚ $2\frac{1}{11}$ ㉛ $2\frac{1}{15}$ ㉜ $5\frac{1}{8}$
㉝ $5\frac{2}{7}$ ㉞ $3\frac{6}{13}$ ㉟ $5\frac{4}{14}$ ㊱ $9\frac{19}{21}$

83~05
① $7\frac{3}{4}$ ② $3\frac{2}{5}$ ③ $5\frac{2}{7}$ ④ 14 ⑤ $14\frac{1}{5}$ ⑥ $4\frac{5}{9}$ ⑦ $4\frac{2}{4}$ ⑧ $6\frac{6}{7}$
⑨ $6\frac{7}{8}$ ⑩ $3\frac{2}{15}$ ⑪ $5\frac{4}{17}$ ⑫ $4\frac{8}{21}$ ⑬ $4\frac{1}{5}$ ⑭ 7 ⑮ $8\frac{4}{6}$ ⑯ $8\frac{6}{8}$
⑰ $3\frac{6}{9}$ ⑱ $4\frac{7}{10}$ ⑲ $5\frac{4}{9}$ ⑳ $9\frac{5}{7}$ ㉑ $13\frac{7}{8}$ ㉒ $31\frac{1}{2}$ ㉓ $9\frac{1}{15}$ ㉔ $4\frac{3}{24}$
㉕ $13\frac{1}{3}$ ㉖ $6\frac{1}{4}$ ㉗ $4\frac{3}{7}$ ㉘ $5\frac{5}{9}$ ㉙ $3\frac{1}{6}$ ㉚ $5\frac{2}{7}$ ㉛ $5\frac{1}{7}$ ㉜ $6\frac{3}{8}$
㉝ $8\frac{3}{5}$ ㉞ $11\frac{7}{13}$ ㉟ $3\frac{15}{17}$ ㊱ $6\frac{8}{19}$

83~06
① $3\frac{1}{4}$ ② $1\frac{4}{7}$ ③ $1\frac{8}{9}$ ④ $10\frac{1}{2}$ ⑤ $10\frac{1}{3}$ ⑥ 3 ⑦ $1\frac{9}{11}$ ⑧ $4\frac{3}{4}$
⑨ $4\frac{3}{7}$ ⑩ 6 ⑪ $6\frac{2}{13}$ ⑫ $3\frac{3}{19}$ ⑬ $3\frac{3}{5}$ ⑭ $3\frac{1}{9}$ ⑮ $4\frac{4}{7}$ ⑯ $15\frac{1}{3}$
⑰ $2\frac{6}{8}$ ⑱ $2\frac{4}{7}$ ⑲ $8\frac{3}{4}$ ⑳ $2\frac{4}{8}$ ㉑ $5\frac{2}{7}$ ㉒ $2\frac{2}{15}$ ㉓ $8\frac{6}{13}$ ㉔ $5\frac{6}{21}$
㉕ $7\frac{3}{4}$ ㉖ $3\frac{4}{7}$ ㉗ $2\frac{2}{5}$ ㉘ $26\frac{1}{3}$ ㉙ $5\frac{2}{9}$ ㉚ $2\frac{3}{12}$ ㉛ $3\frac{8}{17}$ ㉜ $8\frac{2}{5}$
㉝ $5\frac{7}{8}$ ㉞ $10\frac{6}{9}$ ㉟ $7\frac{14}{17}$ ㊱ $3\frac{5}{25}$

83~07
① $6\frac{1}{3}$ ② $3\frac{3}{7}$ ③ $3\frac{3}{5}$ ④ $4\frac{3}{6}$ ⑤ $5\frac{2}{9}$ ⑥ $3\frac{1}{8}$ ⑦ $7\frac{3}{7}$ ⑧ $10\frac{1}{4}$
⑨ $3\frac{11}{14}$ ⑩ $6\frac{6}{11}$ ⑪ $4\frac{6}{15}$ ⑫ $5\frac{5}{22}$ ⑬ $8\frac{1}{4}$ ⑭ $3\frac{2}{7}$ ⑮ 8 ⑯ $10\frac{3}{4}$
⑰ $5\frac{6}{8}$ ⑱ $3\frac{3}{8}$ ⑲ $12\frac{1}{3}$ ⑳ $9\frac{5}{11}$ ㉑ $4\frac{7}{18}$ ㉒ $2\frac{1}{21}$ ㉓ $2\frac{1}{17}$ ㉔ $3\frac{3}{24}$
㉕ $5\frac{2}{9}$ ㉖ $5\frac{1}{6}$ ㉗ $11\frac{1}{3}$ ㉘ $1\frac{8}{9}$ ㉙ $30\frac{2}{3}$ ㉚ $3\frac{7}{9}$ ㉛ $8\frac{2}{3}$ ㉜ $3\frac{3}{14}$
㉝ $4\frac{2}{17}$ ㉞ $6\frac{4}{11}$ ㉟ $5\frac{2}{18}$ ㊱ $3\frac{4}{21}$

83~08
① $8\frac{3}{5}$ ② 8 ③ $4\frac{1}{4}$ ④ $4\frac{5}{7}$ ⑤ $6\frac{7}{9}$ ⑥ $8\frac{4}{6}$ ⑦ $2\frac{4}{11}$ ⑧ $11\frac{1}{3}$
⑨ $4\frac{2}{16}$ ⑩ $6\frac{3}{19}$ ⑪ $5\frac{4}{21}$ ⑫ $8\frac{2}{13}$ ⑬ $3\frac{5}{6}$ ⑭ $35\frac{1}{2}$ ⑮ $17\frac{2}{3}$ ⑯ $4\frac{6}{9}$
⑰ $5\frac{4}{7}$ ⑱ 6 ⑲ 4 ⑳ $6\frac{1}{14}$ ㉑ $4\frac{7}{17}$ ㉒ $12\frac{3}{4}$ ㉓ $2\frac{3}{17}$ ㉔ $6\frac{2}{23}$
㉕ $4\frac{1}{3}$ ㉖ $3\frac{2}{5}$ ㉗ $5\frac{7}{9}$ ㉘ $10\frac{4}{7}$ ㉙ $2\frac{1}{11}$ ㉚ $3\frac{3}{14}$ ㉛ $6\frac{1}{17}$ ㉜ $8\frac{5}{7}$
㉝ $3\frac{5}{18}$ ㉞ $4\frac{3}{13}$ ㉟ $7\frac{7}{8}$ ㊱ $4\frac{6}{19}$

83~09
① $4\frac{3}{6}$ ② $15\frac{2}{3}$ ③ $2\frac{4}{9}$ ④ $4\frac{4}{8}$ ⑤ $5\frac{2}{9}$ ⑥ $3\frac{3}{6}$ ⑦ $3\frac{8}{9}$ ⑧ $5\frac{5}{7}$
⑨ $6\frac{3}{12}$ ⑩ $4\frac{2}{17}$ ⑪ $8\frac{2}{13}$ ⑫ $5\frac{1}{27}$ ⑬ $4\frac{6}{9}$ ⑭ 27 ⑮ $5\frac{2}{6}$ ⑯ $1\frac{2}{9}$
⑰ $3\frac{4}{7}$ ⑱ $3\frac{8}{9}$ ⑲ $4\frac{2}{8}$ ⑳ $5\frac{3}{4}$ ㉑ $4\frac{2}{9}$ ㉒ $3\frac{2}{15}$ ㉓ $6\frac{3}{19}$ ㉔ $3\frac{3}{16}$
㉕ $5\frac{2}{9}$ ㉖ $2\frac{3}{5}$ ㉗ $9\frac{2}{3}$ ㉘ $5\frac{1}{6}$ ㉙ $2\frac{2}{3}$ ㉚ $6\frac{1}{7}$ ㉛ $6\frac{4}{5}$ ㉜ $3\frac{5}{7}$
㉝ $5\frac{3}{12}$ ㉞ $4\frac{4}{17}$ ㉟ $2\frac{3}{14}$ ㊱ $3\frac{5}{24}$

83~10
① $8\frac{1}{3}$ ② $7\frac{4}{7}$ ③ $7\frac{6}{8}$ ④ $23\frac{2}{3}$ ⑤ $7\frac{2}{4}$ ⑥ $8\frac{3}{6}$ ⑦ $5\frac{2}{7}$ ⑧ $4\frac{1}{8}$
⑨ $3\frac{2}{13}$ ⑩ $6\frac{3}{15}$ ⑪ $6\frac{3}{8}$ ⑫ $8\frac{4}{13}$ ⑬ $5\frac{1}{4}$ ⑭ $3\frac{2}{5}$ ⑮ $2\frac{3}{5}$ ⑯ $5\frac{2}{9}$
⑰ $8\frac{6}{7}$ ⑱ $6\frac{1}{7}$ ⑲ $3\frac{4}{9}$ ⑳ $4\frac{5}{12}$ ㉑ $6\frac{1}{15}$ ㉒ $5\frac{5}{8}$ ㉓ $5\frac{3}{19}$ ㉔ $4\frac{3}{17}$
㉕ $2\frac{5}{7}$ ㉖ 12 ㉗ $21\frac{1}{3}$ ㉘ $5\frac{4}{9}$ ㉙ $8\frac{2}{3}$ ㉚ $4\frac{7}{10}$ ㉛ $3\frac{8}{13}$ ㉜ $5\frac{3}{8}$
㉝ $6\frac{4}{13}$ ㉞ $2\frac{3}{22}$ ㉟ $4\frac{3}{9}$ ㊱ $4\frac{8}{18}$

84~01
① $1\frac{2}{5}$ ② $1\frac{6}{9}$ ③ $1\frac{9}{11}$ ④ $1\frac{10}{13}$ ⑤ $1\frac{7}{15}$ ⑥ $1\frac{16}{19}$ ⑦ $1\frac{16}{23}$
⑧ $1\frac{19}{25}$ ⑨ $1\frac{21}{26}$ ⑩ $1\frac{20}{27}$ ⑪ $1\frac{4}{7}$ ⑫ $1\frac{7}{10}$ ⑬ $1\frac{12}{15}$ ⑭ $1\frac{6}{17}$
⑮ $1\frac{17}{21}$ ⑯ $1\frac{20}{24}$ ⑰ $1\frac{14}{28}$ ⑱ $1\frac{10}{25}$ ⑲ $1\frac{10}{24}$ ⑳ $1\frac{11}{28}$

84~06
① $1\frac{5}{10}$ ② $1\frac{9}{12}$ ③ $1\frac{10}{13}$ ④ $1\frac{13}{17}$ ⑤ $1\frac{2}{18}$ ⑥ $1\frac{14}{23}$ ⑦ $1\frac{14}{25}$
⑧ $1\frac{11}{27}$ ⑨ $1\frac{21}{28}$ ⑩ $1\frac{20}{29}$ ⑪ $1\frac{5}{9}$ ⑫ $1\frac{9}{11}$ ⑬ $1\frac{9}{15}$ ⑭ $1\frac{5}{16}$
⑮ $1\frac{10}{19}$ ⑯ $1\frac{20}{25}$ ⑰ $1\frac{13}{28}$ ⑱ $1\frac{12}{29}$ ⑲ $1\frac{21}{24}$ ⑳ $1\frac{24}{27}$

84~02
① $1\frac{1}{4}$ ② 1 ③ $1\frac{1}{15}$ ④ $1\frac{14}{17}$ ⑤ $1\frac{16}{21}$ ⑥ $1\frac{19}{25}$ ⑦ $1\frac{13}{24}$
⑧ $1\frac{17}{27}$ ⑨ $1\frac{20}{28}$ ⑩ $1\frac{22}{29}$ ⑪ $1\frac{4}{6}$ ⑫ $1\frac{6}{9}$ ⑬ $1\frac{1}{12}$ ⑭ $1\frac{10}{15}$
⑮ $1\frac{13}{23}$ ⑯ $1\frac{19}{27}$ ⑰ $1\frac{14}{23}$ ⑱ $1\frac{6}{26}$ ⑲ $1\frac{22}{29}$ ⑳ $1\frac{21}{28}$

84~07
① $1\frac{3}{5}$ ② $1\frac{5}{9}$ ③ $1\frac{10}{13}$ ④ $1\frac{11}{15}$ ⑤ $1\frac{13}{17}$ ⑥ $1\frac{4}{23}$ ⑦ $1\frac{18}{25}$
⑧ $1\frac{21}{27}$ ⑨ $1\frac{21}{25}$ ⑩ $1\frac{22}{26}$ ⑪ $1\frac{2}{6}$ ⑫ $1\frac{8}{11}$ ⑬ $1\frac{10}{15}$ ⑭ $1\frac{10}{18}$
⑮ $1\frac{14}{21}$ ⑯ $1\frac{19}{24}$ ⑰ $1\frac{13}{28}$ ⑱ $1\frac{11}{25}$ ⑲ $1\frac{23}{27}$ ⑳ $1\frac{21}{28}$

84~03
① $1\frac{2}{7}$ ② $1\frac{1}{9}$ ③ $1\frac{1}{13}$ ④ $1\frac{14}{15}$ ⑤ $1\frac{8}{17}$ ⑥ $1\frac{6}{18}$ ⑦ $1\frac{9}{23}$
⑧ $1\frac{21}{25}$ ⑨ $1\frac{21}{27}$ ⑩ $1\frac{22}{28}$ ⑪ $1\frac{1}{8}$ ⑫ $1\frac{8}{11}$ ⑬ $1\frac{6}{14}$ ⑭ $1\frac{12}{16}$
⑮ $1\frac{12}{15}$ ⑯ $1\frac{13}{19}$ ⑰ $1\frac{4}{24}$ ⑱ $1\frac{19}{26}$ ⑲ $1\frac{22}{28}$ ⑳ $1\frac{23}{26}$

84~08
① $1\frac{3}{9}$ ② $1\frac{8}{13}$ ③ $1\frac{5}{15}$ ④ $1\frac{8}{19}$ ⑤ $1\frac{19}{24}$ ⑥ $1\frac{10}{27}$ ⑦ $1\frac{16}{25}$
⑧ $1\frac{11}{28}$ ⑨ $1\frac{21}{28}$ ⑩ $1\frac{22}{27}$ ⑪ $1\frac{4}{8}$ ⑫ $1\frac{9}{12}$ ⑬ $1\frac{11}{16}$ ⑭ $1\frac{4}{18}$
⑮ $1\frac{14}{23}$ ⑯ $1\frac{19}{25}$ ⑰ $1\frac{12}{23}$ ⑱ $1\frac{22}{26}$ ⑲ $1\frac{21}{24}$ ⑳ $1\frac{22}{25}$

84~04
① $1\frac{5}{8}$ ② $1\frac{5}{10}$ ③ $1\frac{10}{14}$ ④ $1\frac{12}{16}$ ⑤ $1\frac{12}{19}$ ⑥ $1\frac{17}{23}$ ⑦ $1\frac{15}{24}$
⑧ $1\frac{16}{26}$ ⑨ $1\frac{22}{25}$ ⑩ $1\frac{21}{28}$ ⑪ $1\frac{3}{9}$ ⑫ $1\frac{2}{12}$ ⑬ $1\frac{9}{15}$ ⑭ $1\frac{22}{23}$
⑮ $1\frac{8}{25}$ ⑯ $1\frac{21}{27}$ ⑰ $1\frac{11}{28}$ ⑱ $1\frac{19}{29}$ ⑲ $1\frac{22}{24}$ ⑳ $1\frac{21}{27}$

84~09
① $1\frac{2}{8}$ ② $1\frac{5}{10}$ ③ $1\frac{9}{15}$ ④ $1\frac{9}{16}$ ⑤ $1\frac{11}{19}$ ⑥ $1\frac{18}{21}$ ⑦ $1\frac{20}{24}$
⑧ $1\frac{10}{27}$ ⑨ $1\frac{21}{25}$ ⑩ $1\frac{21}{24}$ ⑪ $1\frac{3}{7}$ ⑫ $1\frac{5}{12}$ ⑬ $1\frac{9}{14}$ ⑭ $1\frac{14}{18}$
⑮ $1\frac{13}{20}$ ⑯ $1\frac{17}{23}$ ⑰ $1\frac{20}{25}$ ⑱ $1\frac{21}{28}$ ⑲ $1\frac{21}{28}$ ⑳ $1\frac{20}{29}$

84~05
① $1\frac{1}{8}$ ② $1\frac{4}{11}$ ③ $1\frac{6}{13}$ ④ $1\frac{10}{15}$ ⑤ $1\frac{12}{19}$ ⑥ $1\frac{16}{23}$ ⑦ $1\frac{13}{25}$
⑧ $1\frac{23}{26}$ ⑨ $1\frac{22}{28}$ ⑩ $1\frac{21}{25}$ ⑪ $1\frac{1}{9}$ ⑫ $1\frac{9}{14}$ ⑬ $1\frac{10}{15}$ ⑭ $1\frac{9}{18}$
⑮ $1\frac{17}{22}$ ⑯ $1\frac{19}{24}$ ⑰ $1\frac{14}{28}$ ⑱ $1\frac{24}{27}$ ⑲ $1\frac{21}{26}$ ⑳ $1\frac{21}{29}$

84~10
① $1\frac{4}{7}$ ② $1\frac{6}{12}$ ③ $1\frac{4}{13}$ ④ $1\frac{10}{15}$ ⑤ $1\frac{11}{16}$ ⑥ $1\frac{10}{19}$ ⑦ $1\frac{16}{24}$
⑧ $1\frac{17}{27}$ ⑨ $1\frac{20}{24}$ ⑩ $1\frac{23}{26}$ ⑪ $1\frac{6}{9}$ ⑫ $1\frac{8}{13}$ ⑬ $1\frac{11}{16}$ ⑭ $1\frac{4}{18}$
⑮ $1\frac{17}{23}$ ⑯ $1\frac{21}{25}$ ⑰ $1\frac{18}{27}$ ⑱ $1\frac{22}{29}$ ⑲ $1\frac{21}{26}$ ⑳ $1\frac{21}{29}$

85~01
① $2\frac{2}{5}$ ② $3\frac{2}{7}$ ③ $2\frac{6}{9}$ ④ $3\frac{4}{8}$ ⑤ $2\frac{4}{7}$ ⑥ 2 ⑦ $2\frac{9}{12}$
⑧ $3\frac{6}{8}$ ⑨ $4\frac{1}{9}$ ⑩ $4\frac{6}{11}$ ⑪ $2\frac{3}{6}$ ⑫ $3\frac{3}{8}$ ⑬ $4\frac{4}{9}$ ⑭ $3\frac{2}{7}$
⑮ $2\frac{5}{10}$ ⑯ $4\frac{5}{8}$ ⑰ $3\frac{3}{5}$ ⑱ $4\frac{4}{7}$ ⑲ $3\frac{2}{8}$ ⑳ $4\frac{9}{12}$

85~06
① $2\frac{2}{5}$ ② $4\frac{2}{7}$ ③ $3\frac{3}{8}$ ④ $2\frac{4}{6}$ ⑤ $3\frac{4}{8}$ ⑥ $4\frac{3}{9}$ ⑦ $4\frac{3}{5}$
⑧ $4\frac{2}{6}$ ⑨ $6\frac{2}{8}$ ⑩ $6\frac{6}{9}$ ⑪ $3\frac{2}{4}$ ⑫ $2\frac{3}{8}$ ⑬ $4\frac{2}{9}$ ⑭ $3\frac{2}{8}$
⑮ $5\frac{4}{7}$ ⑯ $5\frac{2}{4}$ ⑰ $5\frac{2}{5}$ ⑱ $6\frac{2}{7}$ ⑲ $4\frac{4}{9}$ ⑳ $6\frac{3}{8}$

85~02
① $2\frac{2}{4}$ ② $4\frac{1}{5}$ ③ $3\frac{4}{9}$ ④ 4 ⑤ $3\frac{1}{7}$ ⑥ $2\frac{5}{10}$ ⑦ $3\frac{2}{12}$
⑧ $4\frac{1}{9}$ ⑨ $6\frac{2}{11}$ ⑩ 4 ⑪ $3\frac{2}{8}$ ⑫ $5\frac{2}{5}$ ⑬ $4\frac{4}{9}$ ⑭ $3\frac{3}{8}$
⑮ $4\frac{5}{10}$ ⑯ $5\frac{2}{6}$ ⑰ $6\frac{1}{8}$ ⑱ $9\frac{1}{4}$ ⑲ $6\frac{2}{9}$ ⑳ 2

85~07
① $3\frac{1}{4}$ ② $2\frac{3}{6}$ ③ $4\frac{2}{7}$ ④ $6\frac{2}{4}$ ⑤ $3\frac{1}{3}$ ⑥ $4\frac{2}{5}$ ⑦ $3\frac{3}{8}$
⑧ $6\frac{4}{7}$ ⑨ $4\frac{1}{8}$ ⑩ 6 ⑪ 4 ⑫ $2\frac{2}{5}$ ⑬ $3\frac{1}{6}$ ⑭ $3\frac{2}{5}$
⑮ $2\frac{4}{6}$ ⑯ $3\frac{1}{7}$ ⑰ $6\frac{1}{4}$ ⑱ 5 ⑲ $6\frac{3}{6}$ ⑳ $4\frac{2}{8}$

85~03
① $2\frac{3}{6}$ ② $3\frac{2}{5}$ ③ $4\frac{1}{8}$ ④ $4\frac{1}{9}$ ⑤ $5\frac{3}{7}$ ⑥ $3\frac{4}{8}$ ⑦ $4\frac{1}{4}$
⑧ $5\frac{3}{6}$ ⑨ $5\frac{7}{8}$ ⑩ $7\frac{1}{9}$ ⑪ $3\frac{1}{5}$ ⑫ $3\frac{1}{7}$ ⑬ 3 ⑭ $4\frac{2}{8}$
⑮ $3\frac{4}{7}$ ⑯ $5\frac{3}{5}$ ⑰ 4 ⑱ $4\frac{4}{6}$ ⑲ $8\frac{2}{4}$ ⑳ $7\frac{2}{7}$

85~08
① $2\frac{2}{5}$ ② 4 ③ $6\frac{1}{8}$ ④ $3\frac{2}{7}$ ⑤ $3\frac{3}{8}$ ⑥ $5\frac{2}{5}$ ⑦ $3\frac{2}{9}$
⑧ $4\frac{2}{5}$ ⑨ $6\frac{2}{7}$ ⑩ $4\frac{1}{9}$ ⑪ $3\frac{1}{5}$ ⑫ $4\frac{3}{8}$ ⑬ $3\frac{1}{7}$ ⑭ $3\frac{3}{6}$
⑮ $3\frac{1}{9}$ ⑯ $4\frac{4}{7}$ ⑰ 5 ⑱ $7\frac{5}{6}$ ⑲ $7\frac{1}{8}$ ⑳ $4\frac{1}{9}$

85~04
① $2\frac{3}{8}$ ② $3\frac{4}{7}$ ③ $4\frac{1}{9}$ ④ $4\frac{3}{8}$ ⑤ $3\frac{5}{7}$ ⑥ $4\frac{2}{9}$ ⑦ $4\frac{2}{5}$
⑧ $4\frac{1}{7}$ ⑨ $6\frac{2}{4}$ ⑩ $6\frac{2}{5}$ ⑪ $3\frac{3}{5}$ ⑫ $2\frac{1}{6}$ ⑬ $4\frac{1}{4}$ ⑭ $3\frac{2}{6}$
⑮ $2\frac{3}{7}$ ⑯ $2\frac{8}{9}$ ⑰ $5\frac{3}{6}$ ⑱ $5\frac{3}{7}$ ⑲ $4\frac{1}{9}$ ⑳ $8\frac{5}{7}$

85~09
① $3\frac{3}{6}$ ② $4\frac{1}{7}$ ③ $2\frac{1}{8}$ ④ $1\frac{7}{9}$ ⑤ $3\frac{2}{4}$ ⑥ $4\frac{3}{5}$ ⑦ $5\frac{1}{7}$
⑧ 6 ⑨ $6\frac{3}{6}$ ⑩ $7\frac{2}{9}$ ⑪ 3 ⑫ $4\frac{1}{8}$ ⑬ $3\frac{1}{7}$ ⑭ $3\frac{1}{8}$
⑮ $4\frac{1}{5}$ ⑯ $3\frac{2}{7}$ ⑰ $5\frac{2}{9}$ ⑱ $7\frac{2}{6}$ ⑲ $6\frac{1}{7}$ ⑳ 6

85~05
① $2\frac{1}{4}$ ② $3\frac{3}{6}$ ③ $3\frac{2}{9}$ ④ $3\frac{3}{6}$ ⑤ $2\frac{5}{8}$ ⑥ $3\frac{4}{7}$ ⑦ $6\frac{1}{4}$
⑧ $4\frac{2}{5}$ ⑨ $7\frac{2}{6}$ ⑩ $8\frac{2}{7}$ ⑪ $3\frac{2}{5}$ ⑫ $2\frac{2}{7}$ ⑬ $3\frac{3}{8}$ ⑭ $2\frac{2}{7}$
⑮ $5\frac{1}{9}$ ⑯ $5\frac{3}{8}$ ⑰ $6\frac{2}{5}$ ⑱ $6\frac{2}{7}$ ⑲ $6\frac{5}{8}$ ⑳ $6\frac{5}{9}$

85~10
① $3\frac{1}{4}$ ② $4\frac{1}{6}$ ③ 5 ④ $3\frac{2}{5}$ ⑤ $3\frac{2}{7}$ ⑥ 4 ⑦ $4\frac{1}{9}$
⑧ $8\frac{2}{5}$ ⑨ $4\frac{4}{6}$ ⑩ $6\frac{4}{8}$ ⑪ $3\frac{2}{5}$ ⑫ $4\frac{2}{5}$ ⑬ $4\frac{3}{8}$ ⑭ $5\frac{2}{9}$
⑮ $3\frac{1}{7}$ ⑯ $5\frac{4}{8}$ ⑰ $4\frac{1}{9}$ ⑱ $6\frac{3}{6}$ ⑲ $6\frac{5}{8}$ ⑳ $5\frac{1}{9}$

86~01
① $4\frac{1}{4}$ ② $3\frac{4}{7}$ ③ $5\frac{3}{9}$ ④ $4\frac{3}{12}$ ⑤ 7 ⑥ $6\frac{9}{17}$ ⑦ 4
⑧ $6\frac{2}{19}$ ⑨ $4\frac{6}{18}$ ⑩ $5\frac{1}{21}$ ⑪ $4\frac{4}{7}$ ⑫ $4\frac{4}{10}$ ⑬ $3\frac{10}{13}$ ⑭ $4\frac{1}{11}$
⑮ $6\frac{4}{15}$ ⑯ $3\frac{9}{15}$ ⑰ $4\frac{13}{17}$ ⑱ $5\frac{7}{20}$ ⑲ $7\frac{8}{19}$ ⑳ $7\frac{11}{24}$

86~06
① $6\frac{2}{6}$ ② $6\frac{3}{8}$ ③ $4\frac{8}{11}$ ④ $4\frac{8}{14}$ ⑤ $5\frac{11}{17}$ ⑥ $5\frac{16}{20}$ ⑦ $5\frac{18}{24}$
⑧ $7\frac{13}{27}$ ⑨ 5 ⑩ $6\frac{17}{28}$ ⑪ $5\frac{3}{7}$ ⑫ 5 ⑬ $6\frac{10}{13}$ ⑭ $6\frac{8}{15}$
⑮ $6\frac{13}{19}$ ⑯ $6\frac{14}{21}$ ⑰ $4\frac{18}{23}$ ⑱ $8\frac{22}{25}$ ⑲ $4\frac{3}{29}$ ⑳ $7\frac{19}{27}$

86~02
① $5\frac{2}{5}$ ② $4\frac{1}{6}$ ③ 5 ④ $4\frac{6}{12}$ ⑤ $6\frac{9}{15}$ ⑥ $6\frac{11}{16}$ ⑦ $4\frac{13}{19}$
⑧ $6\frac{11}{24}$ ⑨ $6\frac{11}{26}$ ⑩ $4\frac{21}{27}$ ⑪ $6\frac{3}{5}$ ⑫ $6\frac{3}{7}$ ⑬ $6\frac{7}{11}$ ⑭ $5\frac{12}{15}$
⑮ $6\frac{12}{17}$ ⑯ $8\frac{8}{18}$ ⑰ $6\frac{16}{21}$ ⑱ $6\frac{15}{25}$ ⑲ $4\frac{17}{27}$ ⑳ $6\frac{20}{29}$

86~07
① $5\frac{2}{4}$ ② $4\frac{4}{8}$ ③ $6\frac{6}{12}$ ④ $8\frac{8}{15}$ ⑤ $6\frac{12}{17}$ ⑥ $6\frac{13}{19}$ ⑦ $3\frac{19}{23}$
⑧ $6\frac{13}{25}$ ⑨ $5\frac{22}{27}$ ⑩ $5\frac{10}{28}$ ⑪ $7\frac{1}{5}$ ⑫ $5\frac{7}{10}$ ⑬ $6\frac{8}{11}$ ⑭ $8\frac{8}{12}$
⑮ $4\frac{12}{17}$ ⑯ $5\frac{15}{20}$ ⑰ $6\frac{15}{23}$ ⑱ $6\frac{19}{25}$ ⑲ $4\frac{16}{24}$ ⑳ $6\frac{16}{27}$

86~03
① $6\frac{3}{5}$ ② $5\frac{1}{7}$ ③ $4\frac{1}{9}$ ④ $4\frac{10}{13}$ ⑤ $6\frac{12}{17}$ ⑥ $6\frac{13}{18}$ ⑦ $5\frac{18}{23}$
⑧ $4\frac{20}{25}$ ⑨ $4\frac{13}{27}$ ⑩ $5\frac{19}{29}$ ⑪ $7\frac{2}{6}$ ⑫ $6\frac{1}{9}$ ⑬ $6\frac{7}{11}$ ⑭ $5\frac{9}{14}$
⑮ $4\frac{6}{17}$ ⑯ $6\frac{6}{19}$ ⑰ $6\frac{5}{21}$ ⑱ $5\frac{11}{26}$ ⑲ $4\frac{15}{25}$ ⑳ $6\frac{23}{27}$

86~08
① $4\frac{1}{7}$ ② $4\frac{6}{9}$ ③ $7\frac{9}{13}$ ④ $4\frac{7}{15}$ ⑤ $3\frac{11}{17}$ ⑥ $6\frac{8}{19}$ ⑦ $5\frac{16}{21}$
⑧ $8\frac{20}{25}$ ⑨ $4\frac{24}{27}$ ⑩ $4\frac{12}{23}$ ⑪ $6\frac{1}{6}$ ⑫ $6\frac{1}{10}$ ⑬ $9\frac{12}{14}$ ⑭ $5\frac{11}{17}$
⑮ $5\frac{13}{18}$ ⑯ $4\frac{17}{23}$ ⑰ $5\frac{17}{24}$ ⑱ $6\frac{12}{26}$ ⑲ $6\frac{3}{27}$ ⑳ $8\frac{15}{25}$

86~04
① $6\frac{2}{4}$ ② $4\frac{4}{7}$ ③ $4\frac{3}{8}$ ④ $4\frac{6}{11}$ ⑤ $5\frac{12}{15}$ ⑥ $6\frac{12}{17}$ ⑦ $6\frac{12}{19}$
⑧ $4\frac{15}{24}$ ⑨ $6\frac{15}{25}$ ⑩ $6\frac{17}{27}$ ⑪ $6\frac{3}{8}$ ⑫ $4\frac{4}{9}$ ⑬ $4\frac{7}{10}$ ⑭ $7\frac{11}{12}$
⑮ $6\frac{11}{16}$ ⑯ $4\frac{15}{20}$ ⑰ $6\frac{20}{25}$ ⑱ $4\frac{22}{27}$ ⑲ $4\frac{15}{23}$ ⑳ $8\frac{21}{26}$

86~09
① $4\frac{2}{6}$ ② $6\frac{2}{8}$ ③ $5\frac{8}{12}$ ④ $4\frac{9}{15}$ ⑤ $4\frac{10}{17}$ ⑥ $6\frac{17}{22}$ ⑦ $5\frac{10}{25}$
⑧ $5\frac{23}{27}$ ⑨ $4\frac{15}{28}$ ⑩ $6\frac{19}{29}$ ⑪ 6 ⑫ 5 ⑬ $4\frac{11}{13}$ ⑭ $4\frac{11}{16}$
⑮ $4\frac{11}{18}$ ⑯ $6\frac{12}{21}$ ⑰ $4\frac{20}{24}$ ⑱ 8 ⑲ $5\frac{17}{28}$ ⑳ $3\frac{11}{25}$

86~05
① $4\frac{2}{5}$ ② $6\frac{1}{7}$ ③ $5\frac{7}{10}$ ④ $6\frac{10}{14}$ ⑤ $4\frac{10}{17}$ ⑥ $5\frac{9}{19}$ ⑦ $6\frac{17}{22}$
⑧ $7\frac{21}{25}$ ⑨ $6\frac{15}{27}$ ⑩ $4\frac{11}{24}$ ⑪ $5\frac{1}{8}$ ⑫ $7\frac{1}{9}$ ⑬ $6\frac{10}{13}$ ⑭ $4\frac{8}{15}$
⑮ $6\frac{11}{18}$ ⑯ $6\frac{15}{21}$ ⑰ $4\frac{16}{24}$ ⑱ $5\frac{19}{25}$ ⑲ $4\frac{11}{26}$ ⑳ $6\frac{16}{27}$

86~10
① $6\frac{1}{4}$ ② $6\frac{4}{7}$ ③ $5\frac{9}{13}$ ④ $7\frac{11}{14}$ ⑤ $5\frac{5}{17}$ ⑥ $5\frac{9}{19}$ ⑦ $5\frac{20}{24}$
⑧ $4\frac{11}{25}$ ⑨ $6\frac{22}{27}$ ⑩ $3\frac{21}{29}$ ⑪ $6\frac{3}{6}$ ⑫ $6\frac{2}{9}$ ⑬ $6\frac{5}{12}$ ⑭ $6\frac{12}{15}$
⑮ $8\frac{11}{16}$ ⑯ $5\frac{11}{17}$ ⑰ $6\frac{12}{19}$ ⑱ $6\frac{17}{23}$ ⑲ $6\frac{19}{25}$ ⑳ $6\frac{22}{27}$

5분 문장제   분수 · 소수의 덧셈과 뺄셈 (기초)

1. 재희는 사과를 $\frac{2}{5}$개 먹었고, 채영이는 0.2개 먹었습니다. 재희와 채영이가 먹은 사과는 몇 개인지 소수로 나타내시오.

   식: _____   답: _____ 개

2. 밭에서 감자를 유민이는 $1\frac{1}{4}$kg, 영환이는 0.5kg 캤습니다. 두 사람이 캔 감자는 모두 몇 kg인지 소수로 나타내시오.

   식: _____   답: _____ kg

3. 설희의 몸무게는 21.7kg이고, 경희는 설희보다 0.5kg 가볍습니다. 경희의 몸무게를 분수로 나타내시오.

   식: _____   답: _____ kg

5분 문장제 분수 · 소수의 덧셈과 뺄셈 (기초)

4. 희정이는 시장에서 딸기 $\dfrac{3}{10}$kg, 바나나 1.5kg을 샀습니다. 시장에서 산 딸기와 바나나는 모두 몇 kg인지 분수로 나타내시오.

식: 답: kg

5. 물통에 물이 1.32L 있었는데, $\dfrac{2}{5}$L를 마셨습니다. 물통에 남아있는 물은 몇 L인지 분수로 나타내시오.

식: 답: L

6. 봉지 속에 사탕이 $\dfrac{5}{6}$kg 있었습니다. 이 중에서 $\dfrac{2}{6}$kg을 병에 옮겨 담았습니다. 봉지 속에 남은 사탕은 몇 kg인지 소수로 나타내시오.

식: 답: kg

7. 페인트 통에 $\frac{7}{10}$L의 페인트가 들어 있었습니다. 그 중 $\frac{2}{10}$L를 사용하여 벽을 칠했다면, 남은 페인트는 몇 L인지 소수로 나타내시오.

식: _____   답: _____ L

8. $\frac{13}{15}$m의 실 중에서 $\frac{2}{5}$m를 사용하여 뜨개질을 하였습니다. 남은 실은 몇 m입니까?

식: _____   답: _____ m

9. 커피 한 잔에 프림 $\frac{3}{4}$g과 설탕 0.3g을 넣었습니다. 커피 한 잔에 들어간 프림과 설탕의 무게는 모두 몇 g인지 분수로 나타내시오.

식: _____   답: _____ g

10. 수빈이네 집에서 놀이터까지의 거리는 $\frac{8}{10}$km이고, 놀이터에서 학교까지의 거리는 1.2km입니다. 수빈이네 집에서 놀이터를 지나 학교까지의 거리는 몇 km입니까?

식: 답: km

11. 민수는 물 $\frac{3}{4}$L와 주스 0.2L를 마셨습니다. 민수가 마신 물과 주스의 양을 분수로 나타내시오.

식: 답: L

12. 윤정이는 슈퍼에서 고구마와 감자를 샀습니다. 고구마의 무게는 18.5kg이고, 감자의 무게는 고구마보다 0.3kg이 더 무겁습니다. 고구마와 감자의 무게는 모두 몇 kg입니까?

식: 답: kg

13. 영재는 구슬 3kg 가지고 있었는데, 7개를 친구에게 주었더니 무게가 1.6kg 으로 줄었습니다. 구슬 1개의 무게는 몇 kg 입니까?

식: _____ 답: _____ kg

14. 강아지의 몸무게는 $\frac{7}{8}$ kg 이고, 토끼의 몸무게는 1.3kg 입니다. 강아지와 토끼의 몸무게는 모두 몇 kg 인지 분수로 나타내시오.

식: _____ 답: _____ kg

15. 시골에 계신 할머니께서 감자 $1\frac{3}{4}$ kg 과 고구마 3.2kg 을 보내 주셨습니다. 할머니댁에서 보내 주신 감자와 고구마는 모두 몇 kg 인지 분수로 나타내시오.

식: _____ 답: _____ kg

16. 지민이는 오렌지 주스 $\frac{7}{9}$ L를 마셨습니다. 지민이가 마시고 남은 오렌지 주스가 0.8L라면 처음에 있던 오렌지 주스는 몇 L인지 분수로 나타내시오.

    식: 답: L

17. 지원이는 빵을 $1\frac{3}{5}$ g 먹었고, 상아는 0.7g 먹었습니다. 지원이와 상아가 먹은 빵은 모두 몇 g인지 분수로 나타내시오.

    식: 답: g

18. 아래 직사각형 둘레의 길이를 구하여 분수로 나타내시오.

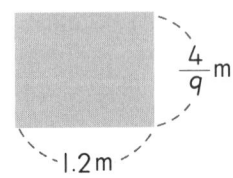

    식: 답: m

19. 희진이와 현정이는 케이크를 $1\frac{7}{8}$ 조각씩 먹었습니다.
두 사람이 먹은 케이크는 모두 몇 조각입니까?

식: _____ 답: _____ 조각

20. 집에 딸기가 $1\frac{3}{8}$ kg 있었는데, 어머니께서 딸기잼을
만들기 위해 2.4kg 더 사오셨습니다. 집에 있는 딸기
는 모두 몇 kg 인지 분수로 나타내시오.

식: _____ 답: _____ kg

21. 정현이의 가방 무게는 $3\frac{4}{7}$ kg 이고, 책을 뺀 빈 가방의
무게는 1.2kg 입니다. 책의 무게는 몇 kg 인지 분수로
나타내시오.

식: _____ 답: _____ kg

22. 미정이네 집에서 오전에 $1\frac{5}{7}$ kg의 고추를 말렸고, 오후에는 $1\frac{6}{7}$ kg의 고추를 말렸습니다. 미정이네 집에서 오늘 말린 고추의 양은 모두 몇 kg 입니까?

식: 답: kg

23. 희란이가 가지고 있는 끈은 $3\frac{5}{9}$ m이고, 유빈이가 가지고 있는 끈은 희란이의 끈보다 2.8m가 더 깁니다. 유빈이가 가지고 있는 끈은 몇 m인지 분수로 나타내시오.

식: 답: m

24. 혜진이네 집에서 어제는 물을 $2\frac{12}{18}$ L마셨고, 오늘은 3.2L 마셨습니다. 혜진이네 집에서 어제와 오늘 마신 물은 모두 몇 L인지 분수로 나타내시오.

식: 답: L

25. 소라 한 상자는 **3kg** 이고, 조개 한 상자는 소라 한 상자
보다 $\frac{7}{8}$ kg 더 가볍습니다. 조개 한 상자는 몇 kg 입
니까?

식: _____   답: _____ kg

26. 진수는 멀리 뛰기를 **4m** 했고, 선예는 진수보다 $\frac{3}{5}$ m
덜 뛰었습니다. 선예는 몇 m를 뛰었습니까?

식: _____   답: _____ m

27. 민혜는 피자 **3** 조각 중에서 $\frac{10}{12}$ 조각을 먹었습니다. 민
혜가 먹고 남은 피자는 몇 조각입니까?

식: _____   답: _____ 조각

28. 물통에 있던 물 7L 중에서 $\frac{2}{6}$ L만큼을 화분에 부었습니다. 물통에 남아 있는 물은 몇 L입니까?

식: 답: L

29. 어머니께서 배추 $\frac{4}{5}$ 통을 사오셨는데, 이 중 $\frac{1}{3}$ 통으로 국을 끓이셨습니다. 국을 끓이고 남은 배추는 몇 통입니까?

식: 답: 통

30. 사과 상자에 사과가 $\frac{3}{6}$ kg 있었는데, 엄마가 그 중에서 $\frac{2}{6}$ kg 을 꺼내셨습니다. 남은 사과는 몇 kg 입니까?

식: 답: kg

31. 기름 탱크에 $\frac{12}{13}$ L의 등유가 있었습니다. 그 중에서 난방을 하는 데 0.8L를 사용하였습니다. 남은 등유는 몇 L인지 분수로 나타내시오.

식: _____ 답: _____ L

32. 밀가루 $\frac{12}{15}$ kg이 있었습니다. 수제비를 만들기 위해 0.5kg을 사용하였습니다. 남은 밀가루는 몇 kg인지 소수로 나타내시오.

식: _____ 답: _____ kg

33. 초콜릿이 들어간 아이스크림의 무게는 2.3g입니다. 초콜릿의 무게가 $1\frac{3}{4}$ g이라면 초콜릿을 뺀 아이스크림의 무게는 몇 g인지 분수로 나타내시오.

식: _____ 답: _____ g

34. 오늘 아침 혜성이네 집에 $3\dfrac{2}{6}$ L 짜리 주스가 배달되었습니다. 식구들이 0.9L를 마셨다면, 남은 주스는 몇 L 인지 분수로 나타내시오.

식: _____　　답: _____ L

35. 배 한 상자의 무게는 $3\dfrac{7}{10}$ kg 이고, 귤 한 상자의 무게는 1.3kg 입니다. 배 한 상자의 무게는 귤 한 상자의 무게보다 몇 kg 더 무거운지 분수로 나타내시오.

식: _____　　답: _____ kg

36. 물이 $\dfrac{4}{7}$ L 들어 있는 주전자에 물을 0.25L 더 부었습니다. 주전자의 물은 모두 몇 L인지 분수로 나타내시오.

식: _____　　답: _____ L

37. $3\frac{5}{7}$ L를 담을 수 있는 물통에 $\frac{5}{8}$ L의 물이 들어 있습니다. 몇 L의 물을 더 부어야 물통이 가득 차겠습니까?

식:　　　　　　　　　　　　　　　답:　　　　　 L

38. 미술 시간에 철사로 동물 모양을 만들었습니다. 정민이는 $4\frac{17}{25}$ m, 윤지는 3.4m를 사용하였습니다. 정민이는 윤지보다 철사를 몇 m 더 사용하였는지 분수로 나타내시오.

식:　　　　　　　　　　　　　　　답:　　　　　 m

39. 옥수수가 $4\frac{5}{6}$ kg 있고, 감자는 옥수수보다 $2\frac{3}{4}$ kg 더 적게 있습니다. 감자는 몇 kg 있습니까?

식:　　　　　　　　　　　　　　　답:　　　　　 kg

40. 승미가 딴 감은 $3\frac{2}{9}$ kg 이고, 정진이가 딴 감은 1.7 kg 입니다. 승미는 정진이보다 몇 kg 의 감을 더 땄는지 분수로 나타내시오.

식: 　　　　　　　　　　　　　답: 　　　kg

41. 영하는 어제 $2\frac{5}{8}$ 시간, 오늘 1.6시간 책을 읽었습니다. 영하는 책을 오늘보다 어제 몇 시간 더 읽었는지 분수로 나타내시오.

식: 　　　　　　　　　　　　　답: 　　　시간

42. 1개의 길이가 1.7m 인 철사와 $1\frac{2}{4}$ m 인 철사를 겹치지 않게 연결했다면 철사의 길이는 몇 m 인지 분수로 나타내시오.

식: 　　　　　　　　　　　　　답: 　　　m

① 식 $\dfrac{2}{5} + 0.2 = \dfrac{3}{5}$　답 0.6

② 식 $1\dfrac{1}{4} + 0.5 = 1\dfrac{3}{4}$　답 1.75

③ 식 $21.7 - 0.5 = 21.2$　답 $21\dfrac{1}{5}$

④ 식 $\dfrac{3}{10} + 1.5 = 1\dfrac{4}{5}$　답 $1\dfrac{4}{5}$

⑤ 식 $1.32 - \dfrac{2}{5} = \dfrac{23}{25}$　답 $\dfrac{23}{25}$

⑥ 식 $\dfrac{5}{6} - \dfrac{2}{6} = \dfrac{1}{2}$　답 0.5

⑦ 식 $\dfrac{7}{10} - \dfrac{2}{10} = \dfrac{1}{2}$　답 0.5

⑧ 식 $\dfrac{13}{15} - \dfrac{2}{5} = \dfrac{7}{15}$　답 $\dfrac{7}{15}$

⑨ 식 $\dfrac{3}{4} + 0.3 = 1\dfrac{1}{20}$　답 $1\dfrac{1}{20}$

⑩ 식 $\dfrac{8}{10} + 1.2 = 2$　답 2

⑪ 식 $\dfrac{3}{4} + 0.2 = \dfrac{19}{20}$　답 $\dfrac{19}{20}$

⑫ 식 $18.5 + (18.5 + 0.3) = 37.3$
답 37.3

⑬ 식 $(3 - 1.6) \div 7 = 0.2$　답 0.2

⑭ 식 $\dfrac{7}{8} + 1.3 = 2\dfrac{7}{40}$　답 $2\dfrac{7}{40}$

⑮ 식 $1\dfrac{3}{4} + 3.2 = 4\dfrac{19}{20}$　답 $4\dfrac{19}{20}$

⑯ 식 $\dfrac{7}{9} + 0.8 = 1\dfrac{26}{45}$　답 $1\dfrac{26}{45}$

⑰ 식 $1\dfrac{3}{5} + 0.7 = 2\dfrac{3}{10}$　답 $2\dfrac{3}{10}$

⑱ 식 $\dfrac{4}{9} + \dfrac{4}{9} + 1.2 + 1.2 = 3\dfrac{13}{45}$
답 $3\dfrac{13}{45}$

⑲ 식 $1\dfrac{7}{8} + 1\dfrac{7}{8} = 3\dfrac{3}{4}$　답 $3\dfrac{3}{4}$

⑳ 식 $1\dfrac{3}{8} + 2.4 = 3\dfrac{31}{40}$　답 $3\dfrac{31}{40}$

㉑ 식 $3\frac{4}{7} - 1.2 = 2\frac{13}{35}$ 답 $2\frac{13}{35}$

㉒ 식 $1\frac{5}{7} + 1\frac{6}{7} = 3\frac{4}{7}$ 답 $3\frac{4}{7}$

㉓ 식 $3\frac{5}{9} + 2.8 = 6\frac{16}{45}$ 답 $6\frac{16}{45}$

㉔ 식 $2\frac{12}{18} + 3.2 = 5\frac{13}{15}$ 답 $5\frac{13}{15}$

㉕ 식 $3 - \frac{7}{8} = 2\frac{1}{8}$ 답 $2\frac{1}{8}$

㉖ 식 $4 - \frac{3}{5} = 3\frac{2}{5}$ 답 $3\frac{2}{5}$

㉗ 식 $3 - \frac{10}{12} = 2\frac{1}{6}$ 답 $2\frac{1}{6}$

㉘ 식 $7 - \frac{2}{6} = 6\frac{2}{3}$ 답 $6\frac{2}{3}$

㉙ 식 $\frac{4}{5} - \frac{1}{3} = \frac{7}{15}$ 답 $\frac{7}{15}$

㉚ 식 $\frac{3}{6} - \frac{2}{6} = \frac{1}{6}$ 답 $\frac{1}{6}$

㉛ 식 $\frac{12}{13} - 0.8 = \frac{8}{65}$ 답 $\frac{8}{65}$

㉜ 식 $\frac{12}{15} - 0.5 = 0.3$ 답 0.3

㉝ 식 $2.3 - 1\frac{3}{4} = \frac{11}{20}$ 답 $\frac{11}{20}$

㉞ 식 $3\frac{2}{6} - 0.9 = 2\frac{13}{30}$ 답 $2\frac{13}{30}$

㉟ 식 $3\frac{7}{10} - 1.3 = 2\frac{2}{5}$ 답 $2\frac{2}{5}$

㊱ 식 $\frac{4}{7} + 0.25 = \frac{23}{28}$ 답 $\frac{23}{28}$

㊲ 식 $3\frac{5}{7} - \frac{5}{8} = 3\frac{5}{56}$ 답 $3\frac{5}{56}$

㊳ 식 $4\frac{17}{25} - 3.4 = 1\frac{7}{25}$ 답 $1\frac{7}{25}$

㊴ 식 $4\frac{5}{6} - 2\frac{3}{4} = 2\frac{1}{12}$ 답 $2\frac{1}{12}$

㊵ 식 $3\frac{2}{9} - 1.7 = 1\frac{47}{90}$ 답 $1\frac{47}{90}$

㊶ 식 $2\frac{5}{8} - 1.6 = 1\frac{1}{40}$ 답 $1\frac{1}{40}$

㊷ 식 $1.7 + 1\frac{2}{4} = 3\frac{1}{5}$ 답 $3\frac{1}{5}$

87~01

① 3, 5 ② 6, 7 ③ 2, 2 ④ $2\frac{5}{4}$ ⑤ $3\frac{7}{5}$ ⑥ $6\frac{8}{6}$ ⑦ $2\frac{7}{5}$ ⑧ $1\frac{10}{8}$
⑨ $2\frac{13}{12}$ ⑩ $1\frac{11}{10}$ ⑪ $2\frac{23}{12}$ ⑫ $2\frac{46}{25}$ ⑬ 4, 3 ⑭ 3, 3 ⑮ 1, 6 ⑯ $3\frac{3}{2}$
⑰ $2\frac{10}{7}$ ⑱ $1\frac{12}{8}$ ⑲ $1\frac{10}{9}$ ⑳ $1\frac{12}{7}$ ㉑ $1\frac{7}{6}$ ㉒ $1\frac{14}{13}$ ㉓ $1\frac{29}{18}$ ㉔ $1\frac{45}{24}$
㉕ 3, 4 ㉖ 1, 7 ㉗ 5, 8 ㉘ $1\frac{10}{9}$ ㉙ $2\frac{9}{7}$ ㉚ $3\frac{7}{4}$ ㉛ $1\frac{10}{6}$ ㉜ $2\frac{15}{8}$
㉝ $3\frac{15}{9}$ ㉞ $1\frac{18}{13}$ ㉟ $2\frac{42}{25}$ ㊱ $\frac{53}{29}$

87~06

① 1, 3 ② 3, 5 ③ 6, 6 ④ $1\frac{5}{4}$ ⑤ $2\frac{9}{6}$ ⑥ $3\frac{10}{8}$ ⑦ $2\frac{12}{7}$ ⑧ $\frac{7}{6}$
⑨ $1\frac{9}{5}$ ⑩ $\frac{26}{15}$ ⑪ $1\frac{30}{17}$ ⑫ $2\frac{35}{24}$ ⑬ 2, 2 ⑭ 4, 4 ⑮ 8, 3 ⑯ $\frac{4}{3}$
⑰ $1\frac{8}{5}$ ⑱ $2\frac{7}{6}$ ⑲ $1\frac{12}{7}$ ⑳ $1\frac{11}{6}$ ㉑ $1\frac{6}{4}$ ㉒ $1\frac{20}{13}$ ㉓ $2\frac{48}{25}$ ㉔ $1\frac{48}{27}$
㉕ 5, 6 ㉖ 3, 5 ㉗ 1, 4 ㉘ $1\frac{8}{6}$ ㉙ $2\frac{6}{5}$ ㉚ $1\frac{11}{8}$ ㉛ $1\frac{13}{9}$ ㉜ $\frac{4}{3}$
㉝ $2\frac{9}{7}$ ㉞ $\frac{25}{16}$ ㉟ $1\frac{40}{23}$ ㊱ $2\frac{54}{29}$

87~02

① 3, 2 ② 4, 4 ③ 5, 5 ④ $2\frac{9}{8}$ ⑤ $1\frac{6}{4}$ ⑥ $3\frac{11}{8}$ ⑦ $4\frac{12}{7}$ ⑧ $5\frac{5}{3}$
⑨ $6\frac{3}{2}$ ⑩ $4\frac{21}{13}$ ⑪ $1\frac{17}{11}$ ⑫ $2\frac{31}{18}$ ⑬ 6, 3 ⑭ 2, 4 ⑮ 3, 7 ⑯ $1\frac{4}{3}$
⑰ $2\frac{6}{4}$ ⑱ $1\frac{8}{6}$ ⑲ $2\frac{11}{7}$ ⑳ $1\frac{13}{8}$ ㉑ $1\frac{3}{2}$ ㉒ $1\frac{23}{12}$ ㉓ $2\frac{30}{18}$ ㉔ $1\frac{45}{24}$
㉕ 8, 8 ㉖ 4, 6 ㉗ 1, 3 ㉘ $2\frac{5}{4}$ ㉙ $\frac{9}{5}$ ㉚ $2\frac{15}{8}$ ㉛ $1\frac{10}{6}$ ㉜ $1\frac{8}{5}$
㉝ $2\frac{7}{4}$ ㉞ $2\frac{50}{26}$ ㉟ $1\frac{32}{19}$ ㊱ $\frac{31}{20}$

87~07

① 3, 2 ② 4, 6 ③ 1, 3 ④ $2\frac{8}{5}$ ⑤ $1\frac{11}{7}$ ⑥ $\frac{14}{9}$ ⑦ $1\frac{10}{8}$ ⑧ $2\frac{16}{9}$
⑨ $1\frac{5}{3}$ ⑩ $2\frac{20}{12}$ ⑪ $1\frac{26}{15}$ ⑫ $2\frac{46}{25}$ ⑬ 2, 7 ⑭ 5, 4 ⑮ 8, 9 ⑯ $\frac{9}{5}$
⑰ $2\frac{13}{7}$ ⑱ $1\frac{13}{8}$ ⑲ $1\frac{7}{4}$ ⑳ $1\frac{10}{9}$ ㉑ $1\frac{20}{6}$ ㉒ $1\frac{23}{14}$ ㉓ $1\frac{36}{19}$ ㉔ $2\frac{52}{27}$
㉕ 3, 8 ㉖ 6, 3 ㉗ 1, 5 ㉘ $1\frac{4}{3}$ ㉙ $1\frac{7}{5}$ ㉚ $1\frac{13}{5}$ ㉛ $1\frac{12}{7}$ ㉜ $1\frac{14}{9}$
㉝ $1\frac{7}{5}$ ㉞ $2\frac{29}{16}$ ㉟ $1\frac{48}{25}$ ㊱ $3\frac{48}{26}$

87~03

① 3, 3 ② 1, 4 ③ 4, 2 ④ $1\frac{6}{5}$ ⑤ $2\frac{11}{7}$ ⑥ $3\frac{5}{3}$ ⑦ $4\frac{12}{7}$ ⑧ $2\frac{3}{2}$
⑨ $\frac{10}{6}$ ⑩ $1\frac{19}{15}$ ⑪ $2\frac{32}{17}$ ⑫ $1\frac{42}{24}$ ⑬ 2, 5 ⑭ 5, 6 ⑮ 8, 3 ⑯ $1\frac{11}{7}$
⑰ $1\frac{10}{6}$ ⑱ $1\frac{9}{5}$ ⑲ $2\frac{7}{4}$ ⑳ $1\frac{15}{8}$ ㉑ $\frac{4}{3}$ ㉒ $1\frac{24}{16}$ ㉓ $1\frac{50}{27}$ ㉔ $2\frac{30}{19}$
㉕ 3, 7 ㉖ 1, 8 ㉗ 6, 9 ㉘ $1\frac{9}{6}$ ㉙ $\frac{9}{5}$ ㉚ $1\frac{7}{4}$ ㉛ $1\frac{15}{9}$ ㉜ $1\frac{11}{8}$
㉝ $1\frac{5}{3}$ ㉞ $\frac{19}{13}$ ㉟ $1\frac{31}{18}$ ㊱ $3\frac{47}{25}$

87~08

① 2, 4 ② 4, 3 ③ 1, 6 ④ $3\frac{3}{2}$ ⑤ $1\frac{11}{7}$ ⑥ $2\frac{8}{6}$ ⑦ $1\frac{11}{8}$ ⑧ $\frac{7}{5}$
⑨ $2\frac{5}{3}$ ⑩ $2\frac{22}{13}$ ⑪ $1\frac{28}{16}$ ⑫ $2\frac{39}{25}$ ⑬ 3, 8 ⑭ 6, 5 ⑮ 3, 7 ⑯ $1\frac{5}{4}$
⑰ $2\frac{3}{2}$ ⑱ $1\frac{9}{7}$ ⑲ $2\frac{13}{9}$ ⑳ $1\frac{13}{6}$ ㉑ $1\frac{12}{7}$ ㉒ $1\frac{22}{16}$ ㉓ $2\frac{31}{18}$ ㉔ $1\frac{50}{27}$
㉕ 2, 6 ㉖ 5, 4 ㉗ 1, 9 ㉘ $1\frac{8}{5}$ ㉙ $2\frac{8}{6}$ ㉚ $1\frac{11}{7}$ ㉛ $2\frac{9}{8}$ ㉜ $1\frac{13}{9}$
㉝ $1\frac{6}{4}$ ㉞ $\frac{32}{17}$ ㉟ $1\frac{33}{20}$ ㊱ $\frac{53}{28}$

87~04

① 3, 8 ② 2, 5 ③ 1, 3 ④ $2\frac{9}{7}$ ⑤ $2\frac{13}{8}$ ⑥ $1\frac{10}{6}$ ⑦ $1\frac{14}{9}$ ⑧ $2\frac{11}{7}$
⑨ $1\frac{4}{3}$ ⑩ $2\frac{22}{15}$ ⑪ $1\frac{31}{18}$ ⑫ $2\frac{35}{24}$ ⑬ 4, 9 ⑭ 5, 4 ⑮ 6, 7 ⑯ $1\frac{7}{5}$
⑰ $2\frac{10}{6}$ ⑱ $1\frac{11}{8}$ ⑲ $1\frac{9}{5}$ ⑳ $1\frac{3}{2}$ ㉑ $2\frac{6}{4}$ ㉒ $1\frac{30}{17}$ ㉓ $2\frac{50}{27}$ ㉔ $1\frac{34}{19}$
㉕ 7, 2 ㉖ 2, 5 ㉗ 3, 3 ㉘ $1\frac{5}{4}$ ㉙ $2\frac{9}{5}$ ㉚ $1\frac{6}{5}$ ㉛ $1\frac{15}{9}$ ㉜ $1\frac{8}{6}$
㉝ $2\frac{14}{8}$ ㉞ $1\frac{17}{11}$ ㉟ $2\frac{21}{15}$ ㊱ $2\frac{39}{25}$

87~09

① 2, 4 ② 4, 5 ③ 6, 2 ④ $1\frac{6}{4}$ ⑤ $2\frac{13}{8}$ ⑥ $1\frac{11}{7}$ ⑦ $\frac{3}{2}$ ⑧ $2\frac{5}{3}$
⑨ $1\frac{11}{9}$ ⑩ $2\frac{22}{13}$ ⑪ $1\frac{28}{17}$ ⑫ $2\frac{42}{23}$ ⑬ 1, 7 ⑭ 4, 3 ⑮ 5, 9 ⑯ $1\frac{12}{7}$
⑰ $2\frac{9}{8}$ ⑱ $1\frac{16}{9}$ ⑲ $1\frac{12}{8}$ ⑳ $1\frac{8}{6}$ ㉑ $1\frac{10}{6}$ ㉒ $1\frac{23}{15}$ ㉓ $2\frac{43}{25}$ ㉔ $1\frac{56}{29}$
㉕ 3, 8 ㉖ 4, 8 ㉗ 7, 6 ㉘ $2\frac{5}{3}$ ㉙ $1\frac{5}{4}$ ㉚ $2\frac{10}{6}$ ㉛ $1\frac{8}{5}$ ㉜ $1\frac{13}{7}$
㉝ $1\frac{13}{8}$ ㉞ $1\frac{31}{18}$ ㉟ $1\frac{39}{20}$ ㊱ $\frac{49}{28}$

87~05

① 3, 4 ② 4, 2 ③ 5, 9 ④ $1\frac{7}{5}$ ⑤ $2\frac{12}{7}$ ⑥ $1\frac{10}{6}$ ⑦ $2\frac{11}{9}$ ⑧ $1\frac{11}{8}$
⑨ $1\frac{13}{7}$ ⑩ $2\frac{19}{11}$ ⑪ $1\frac{21}{14}$ ⑫ $1\frac{31}{17}$ ⑬ 1, 6 ⑭ 3, 7 ⑮ 5, 8 ⑯ $1\frac{3}{2}$
⑰ $2\frac{4}{3}$ ⑱ $1\frac{7}{4}$ ⑲ $2\frac{10}{6}$ ⑳ $4\frac{16}{9}$ ㉑ $2\frac{9}{7}$ ㉒ $1\frac{32}{18}$ ㉓ $2\frac{25}{19}$ ㉔ $1\frac{42}{25}$
㉕ 2, 2 ㉖ 6, 4 ㉗ 4, 3 ㉘ $1\frac{5}{4}$ ㉙ $2\frac{12}{7}$ ㉚ $1\frac{17}{9}$ ㉛ $1\frac{9}{6}$ ㉜ $1\frac{4}{3}$
㉝ $1\frac{3}{2}$ ㉞ $2\frac{20}{16}$ ㉟ $1\frac{49}{28}$ ㊱ $2\frac{42}{27}$

87~10

① 5, 2 ② 2, 4 ③ 1, 9 ④ $1\frac{7}{4}$ ⑤ $1\frac{9}{7}$ ⑥ $2\frac{10}{6}$ ⑦ $1\frac{13}{9}$ ⑧ $2\frac{9}{7}$
⑨ $1\frac{14}{9}$ ⑩ $\frac{24}{13}$ ⑪ $1\frac{32}{17}$ ⑫ $2\frac{48}{26}$ ⑬ 4, 6 ⑭ 3, 3 ⑮ 4, 7 ⑯ $1\frac{11}{7}$
⑰ $2\frac{11}{6}$ ⑱ $1\frac{17}{9}$ ⑲ $1\frac{12}{7}$ ⑳ $1\frac{9}{5}$ ㉑ $1\frac{13}{8}$ ㉒ $1\frac{31}{16}$ ㉓ $2\frac{31}{19}$ ㉔ $3\frac{52}{27}$
㉕ 1, 4 ㉖ 6, 5 ㉗ 2, 3 ㉘ $1\frac{4}{3}$ ㉙ $2\frac{7}{3}$ ㉚ $3\frac{13}{8}$ ㉛ $1\frac{11}{6}$ ㉜ $1\frac{14}{8}$
㉝ $2\frac{11}{9}$ ㉞ $\frac{26}{15}$ ㉟ $1\frac{34}{18}$ ㊱ $1\frac{53}{28}$

88~01
① $\frac{1}{5}$ ② $\frac{8}{13}$ ③ $4\frac{2}{5}$ ④ $5\frac{5}{7}$ ⑤ $2\frac{4}{9}$ ⑥ $1\frac{1}{8}$ ⑦ $\frac{3}{10}$
⑧ $2\frac{2}{12}$ ⑨ $1\frac{6}{15}$ ⑩ $2\frac{5}{17}$ ⑪ $\frac{1}{6}$ ⑫ $\frac{9}{15}$ ⑬ $3\frac{2}{5}$ ⑭ $6\frac{4}{6}$
⑮ $4\frac{4}{9}$ ⑯ $2\frac{4}{7}$ ⑰ $1\frac{4}{9}$ ⑱ $\frac{4}{17}$ ⑲ $3\frac{5}{15}$ ⑳ $2\frac{1}{15}$

88~06
① $\frac{5}{9}$ ② $\frac{2}{15}$ ③ $3\frac{4}{8}$ ④ $2\frac{7}{9}$ ⑤ $1\frac{2}{7}$ ⑥ $2\frac{4}{12}$ ⑦ $1\frac{4}{15}$
⑧ $2\frac{2}{19}$ ⑨ $1\frac{3}{23}$ ⑩ $3\frac{2}{27}$ ⑪ $\frac{1}{10}$ ⑫ $\frac{7}{17}$ ⑬ $1\frac{5}{9}$ ⑭ $2\frac{3}{8}$
⑮ $3\frac{1}{15}$ ⑯ $2\frac{12}{17}$ ⑰ $1\frac{7}{19}$ ⑱ $2\frac{6}{21}$ ⑲ $3\frac{4}{25}$ ⑳ $2\frac{3}{28}$

88~02
① $\frac{6}{7}$ ② $\frac{2}{12}$ ③ $2\frac{2}{4}$ ④ $1\frac{5}{7}$ ⑤ $\frac{8}{9}$ ⑥ $1\frac{3}{8}$ ⑦ $2\frac{3}{10}$
⑧ $1\frac{3}{15}$ ⑨ $2\frac{2}{17}$ ⑩ $\frac{11}{24}$ ⑪ $\frac{2}{9}$ ⑫ $\frac{5}{11}$ ⑬ $1\frac{2}{5}$ ⑭ $\frac{3}{8}$
⑮ $1\frac{7}{10}$ ⑯ $2\frac{5}{12}$ ⑰ $1\frac{1}{13}$ ⑱ $\frac{3}{20}$ ⑲ $2\frac{3}{24}$ ⑳ $1\frac{4}{27}$

88~07
① $\frac{4}{8}$ ② $\frac{4}{16}$ ③ $2\frac{3}{5}$ ④ $1\frac{3}{8}$ ⑤ $3\frac{4}{7}$ ⑥ $1\frac{10}{12}$ ⑦ $2\frac{3}{14}$
⑧ $1\frac{2}{15}$ ⑨ $2\frac{3}{24}$ ⑩ $3\frac{17}{27}$ ⑪ $\frac{2}{7}$ ⑫ $\frac{12}{17}$ ⑬ $3\frac{2}{6}$ ⑭ $2\frac{7}{9}$
⑮ $\frac{9}{10}$ ⑯ $1\frac{4}{15}$ ⑰ $2\frac{3}{14}$ ⑱ $1\frac{3}{17}$ ⑲ $3\frac{3}{26}$ ⑳ $\frac{27}{28}$

88~03
① $\frac{4}{7}$ ② $\frac{3}{15}$ ③ $2\frac{3}{5}$ ④ $4\frac{7}{9}$ ⑤ $2\frac{3}{7}$ ⑥ $1\frac{5}{9}$ ⑦ $2\frac{2}{12}$
⑧ $1\frac{3}{15}$ ⑨ $2\frac{6}{18}$ ⑩ $3\frac{2}{25}$ ⑪ $\frac{2}{8}$ ⑫ $\frac{13}{17}$ ⑬ $3\frac{6}{9}$ ⑭ $1\frac{4}{8}$
⑮ $\frac{3}{7}$ ⑯ $1\frac{9}{13}$ ⑰ $2\frac{3}{15}$ ⑱ $1\frac{3}{18}$ ⑲ $2\frac{3}{23}$ ⑳ $1\frac{2}{27}$

88~08
① $\frac{5}{10}$ ② $\frac{10}{14}$ ③ $4\frac{3}{4}$ ④ $2\frac{6}{9}$ ⑤ $2\frac{2}{7}$ ⑥ $3\frac{7}{13}$ ⑦ $1\frac{5}{15}$
⑧ $2\frac{3}{16}$ ⑨ $3\frac{6}{23}$ ⑩ $1\frac{3}{28}$ ⑪ $\frac{6}{9}$ ⑫ $\frac{12}{15}$ ⑬ $1\frac{1}{9}$ ⑭ $\frac{1}{6}$
⑮ $1\frac{5}{8}$ ⑯ $1\frac{7}{15}$ ⑰ $2\frac{4}{17}$ ⑱ $5\frac{1}{21}$ ⑲ $1\frac{2}{25}$ ⑳ $2\frac{12}{29}$

88~04
① $\frac{3}{6}$ ② $\frac{6}{15}$ ③ $3\frac{1}{6}$ ④ $1\frac{4}{7}$ ⑤ $7\frac{4}{9}$ ⑥ $1\frac{3}{10}$ ⑦ $2\frac{6}{13}$
⑧ $1\frac{2}{15}$ ⑨ $\frac{3}{17}$ ⑩ $1\frac{4}{23}$ ⑪ $\frac{5}{8}$ ⑫ $\frac{7}{13}$ ⑬ $1\frac{3}{8}$ ⑭ $2\frac{7}{9}$
⑮ $1\frac{1}{11}$ ⑯ $2\frac{1}{12}$ ⑰ $\frac{2}{17}$ ⑱ $1\frac{2}{20}$ ⑲ $\frac{8}{21}$ ⑳ $3\frac{3}{26}$

88~09
① $\frac{4}{8}$ ② $\frac{4}{17}$ ③ $2\frac{7}{9}$ ④ $1\frac{2}{7}$ ⑤ $2\frac{9}{11}$ ⑥ $1\frac{6}{19}$ ⑦ $2\frac{4}{21}$
⑧ $1\frac{4}{24}$ ⑨ $2\frac{9}{25}$ ⑩ $1\frac{6}{27}$ ⑪ $\frac{6}{9}$ ⑫ $\frac{7}{22}$ ⑬ $4\frac{3}{8}$ ⑭ $2\frac{7}{9}$
⑮ $1\frac{5}{13}$ ⑯ $2\frac{4}{15}$ ⑰ $3\frac{13}{18}$ ⑱ $4\frac{12}{23}$ ⑲ $2\frac{5}{26}$ ⑳ $1\frac{5}{28}$

88~05
① $\frac{4}{7}$ ② $\frac{2}{13}$ ③ $4\frac{2}{4}$ ④ $5\frac{3}{8}$ ⑤ $6\frac{1}{2}$ ⑥ $1\frac{5}{9}$ ⑦ $2\frac{1}{11}$
⑧ $1\frac{6}{13}$ ⑨ $2\frac{2}{15}$ ⑩ $1\frac{2}{23}$ ⑪ $\frac{4}{8}$ ⑫ $\frac{6}{15}$ ⑬ $3\frac{1}{3}$ ⑭ $4\frac{1}{7}$
⑮ $1\frac{6}{9}$ ⑯ $2\frac{2}{13}$ ⑰ $1\frac{5}{17}$ ⑱ $2\frac{4}{19}$ ⑲ $1\frac{1}{21}$ ⑳ $3\frac{2}{25}$

88~10
① $\frac{6}{10}$ ② $\frac{10}{16}$ ③ $3\frac{1}{5}$ ④ $1\frac{2}{9}$ ⑤ $2\frac{8}{12}$ ⑥ $1\frac{2}{14}$ ⑦ $2\frac{1}{18}$
⑧ $1\frac{7}{23}$ ⑨ $2\frac{6}{25}$ ⑩ $1\frac{3}{27}$ ⑪ $\frac{6}{12}$ ⑫ $\frac{12}{17}$ ⑬ $2\frac{1}{4}$ ⑭ $4\frac{4}{7}$
⑮ $1\frac{2}{13}$ ⑯ $2\frac{3}{15}$ ⑰ $1\frac{11}{19}$ ⑱ $1\frac{7}{24}$ ⑲ $2\frac{5}{26}$ ⑳ $3\frac{3}{28}$

89~01
① $5\frac{2}{4}$ ② 2 ③ $2\frac{5}{7}$ ④ $2\frac{2}{8}$ ⑤ $1\frac{4}{9}$ ⑥ $2\frac{4}{6}$ ⑦ $1\frac{3}{7}$
⑧ $3\frac{4}{10}$ ⑨ $1\frac{7}{11}$ ⑩ $3\frac{3}{15}$ ⑪ $3\frac{2}{5}$ ⑫ $2\frac{2}{7}$ ⑬ $1\frac{3}{9}$ ⑭ $2\frac{3}{7}$
⑮ $1\frac{7}{8}$ ⑯ $3\frac{4}{9}$ ⑰ $2\frac{8}{12}$ ⑱ $\frac{4}{10}$ ⑲ $2\frac{2}{13}$ ⑳ $3\frac{9}{11}$

89~06
① $1\frac{3}{7}$ ② $2\frac{7}{9}$ ③ $1\frac{7}{8}$ ④ $1\frac{5}{7}$ ⑤ $1\frac{4}{12}$ ⑥ $1\frac{10}{13}$ ⑦ $2\frac{13}{15}$
⑧ $1\frac{13}{19}$ ⑨ $1\frac{11}{21}$ ⑩ $1\frac{17}{24}$ ⑪ $3\frac{1}{4}$ ⑫ $1\frac{4}{6}$ ⑬ $2\frac{5}{9}$ ⑭ $1\frac{6}{10}$
⑮ $2\frac{13}{14}$ ⑯ $2\frac{15}{16}$ ⑰ $1\frac{14}{18}$ ⑱ $1\frac{16}{22}$ ⑲ $1\frac{21}{25}$ ⑳ $2\frac{20}{27}$

89~02
① $3\frac{1}{6}$ ② $\frac{4}{7}$ ③ $2\frac{4}{8}$ ④ $1\frac{5}{9}$ ⑤ $4\frac{1}{7}$ ⑥ $2\frac{9}{10}$ ⑦ $1\frac{6}{11}$
⑧ $2\frac{12}{13}$ ⑨ $3\frac{1}{15}$ ⑩ $1\frac{18}{21}$ ⑪ $1\frac{6}{8}$ ⑫ $2\frac{4}{5}$ ⑬ $2\frac{4}{7}$ ⑭ 3
⑮ $1\frac{2}{9}$ ⑯ $2\frac{2}{11}$ ⑰ $1\frac{6}{13}$ ⑱ $2\frac{14}{16}$ ⑲ $1\frac{12}{19}$ ⑳ $2\frac{12}{24}$

89~07
① $1\frac{3}{6}$ ② $2\frac{5}{8}$ ③ $1\frac{8}{9}$ ④ $3\frac{1}{7}$ ⑤ $1\frac{8}{11}$ ⑥ $2\frac{12}{13}$ ⑦ $1\frac{9}{15}$
⑧ $1\frac{11}{19}$ ⑨ $2\frac{11}{17}$ ⑩ $1\frac{13}{23}$ ⑪ $2\frac{6}{7}$ ⑫ $1\frac{7}{9}$ ⑬ $\frac{6}{8}$ ⑭ $1\frac{8}{10}$
⑮ $3\frac{2}{12}$ ⑯ $1\frac{10}{13}$ ⑰ $1\frac{12}{16}$ ⑱ $1\frac{13}{18}$ ⑲ $2\frac{18}{22}$ ⑳ $1\frac{6}{25}$

89~03
① $2\frac{3}{4}$ ② $2\frac{1}{5}$ ③ $\frac{5}{7}$ ④ $1\frac{7}{8}$ ⑤ $2\frac{9}{10}$ ⑥ $1\frac{14}{17}$ ⑦ $3\frac{1}{13}$
⑧ $1\frac{19}{21}$ ⑨ $2\frac{14}{24}$ ⑩ $1\frac{16}{23}$ ⑪ $3\frac{4}{5}$ ⑫ $2\frac{1}{7}$ ⑬ $2\frac{6}{9}$ ⑭ $1\frac{1}{8}$
⑮ $1\frac{3}{11}$ ⑯ $1\frac{12}{15}$ ⑰ $1\frac{12}{17}$ ⑱ $2\frac{10}{20}$ ⑲ $2\frac{7}{23}$ ⑳ $2\frac{15}{25}$

89~08
① $2\frac{1}{7}$ ② $\frac{4}{9}$ ③ $1\frac{6}{7}$ ④ $\frac{7}{8}$ ⑤ $1\frac{8}{10}$ ⑥ $2\frac{11}{12}$ ⑦ $1\frac{12}{17}$
⑧ $2\frac{10}{19}$ ⑨ $1\frac{19}{21}$ ⑩ $2\frac{11}{23}$ ⑪ $2\frac{2}{4}$ ⑫ $2\frac{3}{5}$ ⑬ $1\frac{6}{9}$ ⑭ $1\frac{5}{8}$
⑮ $1\frac{10}{13}$ ⑯ $2\frac{13}{15}$ ⑰ $3\frac{11}{17}$ ⑱ $2\frac{20}{22}$ ⑲ $1\frac{21}{25}$ ⑳ $2\frac{14}{27}$

89~04
① $3\frac{1}{3}$ ② $1\frac{4}{7}$ ③ $2\frac{5}{6}$ ④ $1\frac{5}{9}$ ⑤ $1\frac{7}{8}$ ⑥ $1\frac{9}{12}$ ⑦ $2\frac{13}{14}$
⑧ $1\frac{14}{15}$ ⑨ $2\frac{16}{17}$ ⑩ $3\frac{17}{21}$ ⑪ $4\frac{3}{6}$ ⑫ $2\frac{6}{8}$ ⑬ $2\frac{1}{7}$ ⑭ $2\frac{4}{9}$
⑮ $1\frac{9}{10}$ ⑯ $3\frac{1}{13}$ ⑰ $1\frac{13}{16}$ ⑱ $2\frac{16}{19}$ ⑲ $1\frac{10}{20}$ ⑳ $2\frac{16}{24}$

89~09
① $1\frac{3}{5}$ ② $2\frac{5}{7}$ ③ $1\frac{7}{8}$ ④ $1\frac{4}{9}$ ⑤ $2\frac{7}{11}$ ⑥ $1\frac{12}{13}$ ⑦ $2\frac{12}{15}$
⑧ $2\frac{2}{18}$ ⑨ $1\frac{17}{23}$ ⑩ $2\frac{24}{27}$ ⑪ $2\frac{2}{4}$ ⑫ 2 ⑬ $2\frac{5}{7}$ ⑭ $1\frac{9}{10}$
⑮ $2\frac{11}{12}$ ⑯ $1\frac{13}{14}$ ⑰ $3\frac{12}{17}$ ⑱ $1\frac{17}{19}$ ⑲ $2\frac{18}{24}$ ⑳ $\frac{24}{26}$

89~05
① $2\frac{3}{5}$ ② $1\frac{4}{8}$ ③ $\frac{5}{7}$ ④ $1\frac{6}{9}$ ⑤ $2\frac{5}{10}$ ⑥ $1\frac{11}{14}$ ⑦ $1\frac{12}{15}$
⑧ $2\frac{10}{17}$ ⑨ $1\frac{18}{21}$ ⑩ $\frac{17}{25}$ ⑪ $3\frac{3}{6}$ ⑫ $2\frac{3}{4}$ ⑬ $1\frac{7}{8}$ ⑭ $\frac{7}{9}$
⑮ $1\frac{9}{11}$ ⑯ $1\frac{12}{13}$ ⑰ $1\frac{6}{15}$ ⑱ $1\frac{15}{18}$ ⑲ $3\frac{1}{16}$ ⑳ $1\frac{19}{24}$

89~10
① 3 ② $1\frac{6}{7}$ ③ $\frac{2}{5}$ ④ $\frac{6}{9}$ ⑤ $1\frac{10}{12}$ ⑥ $2\frac{14}{15}$ ⑦ $1\frac{16}{17}$
⑧ $1\frac{2}{19}$ ⑨ $1\frac{11}{23}$ ⑩ $2\frac{19}{25}$ ⑪ $1\frac{3}{6}$ ⑫ $\frac{3}{9}$ ⑬ $1\frac{4}{7}$ ⑭ $1\frac{2}{10}$
⑮ $1\frac{9}{13}$ ⑯ $2\frac{17}{19}$ ⑰ $1\frac{18}{20}$ ⑱ $\frac{15}{23}$ ⑲ $1\frac{15}{24}$ ⑳ $2\frac{13}{27}$

90~01
① $2\frac{4}{12}$ ② $\frac{10}{15}$ ③ $1\frac{16}{17}$ ④ $1\frac{5}{19}$ ⑤ 2 ⑥ $1\frac{5}{15}$ ⑦ $1\frac{5}{17}$
⑧ $\frac{18}{20}$ ⑨ $\frac{23}{24}$ ⑩ $1\frac{21}{25}$ ⑪ $3\frac{2}{15}$ ⑫ $\frac{17}{18}$ ⑬ $2\frac{7}{19}$ ⑭ $\frac{15}{21}$
⑮ $1\frac{13}{14}$ ⑯ $1\frac{16}{17}$ ⑰ $1\frac{1}{19}$ ⑱ $1\frac{14}{24}$ ⑲ $\frac{15}{25}$ ⑳ $1\frac{23}{27}$

90~06
① $1\frac{10}{12}$ ② $1\frac{14}{15}$ ③ $1\frac{12}{17}$ ④ $1\frac{7}{21}$ ⑤ $1\frac{12}{18}$ ⑥ $1\frac{2}{15}$ ⑦ $1\frac{18}{19}$
⑧ $1\frac{17}{23}$ ⑨ $1\frac{19}{21}$ ⑩ $1\frac{23}{25}$ ⑪ $1\frac{1}{11}$ ⑫ $1\frac{10}{14}$ ⑬ $1\frac{8}{18}$ ⑭ $2\frac{12}{20}$
⑮ $2\frac{1}{15}$ ⑯ $1\frac{12}{17}$ ⑰ $1\frac{15}{18}$ ⑱ $2\frac{15}{19}$ ⑲ $1\frac{1}{25}$ ⑳ $\frac{20}{24}$

90~02
① $\frac{8}{10}$ ② $1\frac{5}{12}$ ③ $\frac{12}{14}$ ④ $\frac{14}{17}$ ⑤ $1\frac{8}{12}$ ⑥ $\frac{12}{15}$ ⑦ $\frac{14}{16}$
⑧ $1\frac{12}{19}$ ⑨ $\frac{14}{21}$ ⑩ $1\frac{19}{23}$ ⑪ $2\frac{3}{11}$ ⑫ $\frac{6}{14}$ ⑬ $1\frac{4}{19}$ ⑭ $\frac{17}{20}$
⑮ $1\frac{11}{13}$ ⑯ $1\frac{4}{11}$ ⑰ $2\frac{14}{17}$ ⑱ $1\frac{16}{19}$ ⑲ $\frac{21}{24}$ ⑳ $1\frac{13}{22}$

90~07
① $\frac{10}{11}$ ② $1\frac{10}{13}$ ③ $\frac{9}{15}$ ④ $\frac{11}{17}$ ⑤ $2\frac{1}{13}$ ⑥ $\frac{14}{15}$ ⑦ $\frac{14}{17}$
⑧ $2\frac{5}{18}$ ⑨ $2\frac{2}{21}$ ⑩ $2\frac{23}{25}$ ⑪ $2\frac{5}{13}$ ⑫ $\frac{11}{15}$ ⑬ $1\frac{6}{16}$ ⑭ $2\frac{6}{21}$
⑮ $2\frac{4}{12}$ ⑯ $2\frac{3}{16}$ ⑰ $1\frac{10}{18}$ ⑱ $1\frac{17}{20}$ ⑲ $1\frac{18}{21}$ ⑳ $2\frac{22}{25}$

90~03
① $\frac{10}{11}$ ② $1\frac{11}{13}$ ③ $\frac{9}{12}$ ④ $\frac{11}{15}$ ⑤ $1\frac{1}{10}$ ⑥ $\frac{11}{12}$ ⑦ $\frac{10}{14}$
⑧ $2\frac{16}{19}$ ⑨ $2\frac{1}{21}$ ⑩ $1\frac{4}{24}$ ⑪ $1\frac{7}{10}$ ⑫ $2\frac{10}{12}$ ⑬ $1\frac{10}{14}$ ⑭ $\frac{10}{11}$
⑮ $1\frac{7}{13}$ ⑯ $2\frac{2}{17}$ ⑰ $1\frac{15}{18}$ ⑱ $\frac{21}{23}$ ⑲ $1\frac{17}{25}$ ⑳ $1\frac{18}{27}$

90~08
① $2\frac{7}{12}$ ② $\frac{9}{15}$ ③ $1\frac{6}{16}$ ④ $\frac{11}{22}$ ⑤ $1\frac{8}{13}$ ⑥ $1\frac{5}{14}$ ⑦ $1\frac{11}{17}$
⑧ $1\frac{4}{20}$ ⑨ $\frac{23}{25}$ ⑩ $2\frac{8}{21}$ ⑪ $3\frac{2}{15}$ ⑫ $1\frac{13}{16}$ ⑬ $2\frac{8}{20}$ ⑭ $1\frac{3}{12}$
⑮ $1\frac{7}{14}$ ⑯ $1\frac{14}{17}$ ⑰ $1\frac{13}{20}$ ⑱ $2\frac{7}{23}$ ⑲ $1\frac{22}{25}$ ⑳ $1\frac{19}{27}$

90~04
① $1\frac{8}{11}$ ② $\frac{7}{12}$ ③ $1\frac{12}{15}$ ④ $\frac{7}{17}$ ⑤ $\frac{2}{10}$ ⑥ $1\frac{5}{14}$ ⑦ $2\frac{16}{17}$
⑧ $\frac{16}{18}$ ⑨ $1\frac{3}{24}$ ⑩ $1\frac{24}{27}$ ⑪ $2\frac{7}{13}$ ⑫ $2\frac{4}{14}$ ⑬ $1\frac{1}{17}$ ⑭ $2\frac{1}{12}$
⑮ $2\frac{11}{13}$ ⑯ $1\frac{10}{12}$ ⑰ $2\frac{1}{17}$ ⑱ $1\frac{4}{21}$ ⑲ $1\frac{4}{25}$ ⑳ $1\frac{24}{26}$

90~09
① $\frac{8}{10}$ ② $1\frac{13}{15}$ ③ $2\frac{15}{17}$ ④ $\frac{17}{21}$ ⑤ $1\frac{3}{12}$ ⑥ $\frac{13}{15}$ ⑦ $1\frac{5}{17}$
⑧ $2\frac{3}{20}$ ⑨ $2\frac{11}{25}$ ⑩ $1\frac{22}{24}$ ⑪ $\frac{9}{10}$ ⑫ $\frac{13}{14}$ ⑬ $4\frac{2}{18}$ ⑭ $1\frac{12}{15}$
⑮ $2\frac{3}{17}$ ⑯ $2\frac{4}{19}$ ⑰ $2\frac{6}{24}$ ⑱ $1\frac{19}{21}$ ⑲ $1\frac{16}{23}$ ⑳ $1\frac{23}{25}$

90~05
① $1\frac{5}{11}$ ② $\frac{11}{12}$ ③ $2\frac{11}{14}$ ④ $\frac{12}{19}$ ⑤ $1\frac{1}{13}$ ⑥ $1\frac{3}{14}$ ⑦ $3\frac{7}{17}$
⑧ $1\frac{19}{20}$ ⑨ $3\frac{22}{24}$ ⑩ $1\frac{24}{25}$ ⑪ $3\frac{1}{12}$ ⑫ $\frac{9}{16}$ ⑬ $1\frac{13}{18}$ ⑭ $\frac{17}{23}$
⑮ $\frac{11}{15}$ ⑯ $1\frac{16}{18}$ ⑰ $1\frac{11}{17}$ ⑱ $1\frac{17}{19}$ ⑲ $1\frac{16}{21}$ ⑳ $1\frac{20}{24}$

90~10
① $1\frac{11}{12}$ ② $\frac{12}{14}$ ③ $1\frac{7}{17}$ ④ $2\frac{17}{19}$ ⑤ $\frac{5}{15}$ ⑥ $1\frac{12}{17}$ ⑦ $2\frac{12}{13}$
⑧ $3\frac{11}{17}$ ⑨ $1\frac{18}{21}$ ⑩ $1\frac{18}{25}$ ⑪ $2\frac{13}{15}$ ⑫ $1\frac{10}{17}$ ⑬ $1\frac{7}{19}$ ⑭ $\frac{12}{25}$
⑮ $2\frac{5}{13}$ ⑯ $1\frac{8}{15}$ ⑰ $1\frac{2}{18}$ ⑱ $2\frac{5}{21}$ ⑲ $1\frac{23}{25}$ ⑳ $2\frac{20}{23}$